Gabriel Sarasin
Damase P. Khasa

Biotechnologies racinaires en restauration écologique a Madagascar

Gabriel Sarasin
Damase P. Khasa

Biotechnologies racinaires en restauration écologique a Madagascar

Biotechnologie des symbioses racinaires en restauration écologique des écosystèmes dégradés de Madagascar

Presses Académiques Francophones

Cover image: www.ingimage.com

Publisher:
Presses Académiques Francophones
is a trademark of
International Book Market Service Ltd., member of OmniScriptum Publishing Group
17 Meldrum Street, Beau Bassin 71504, Mauritius

ISBN: 978-3-8416-3707-9

Résumé

L'étude ciblait le sud-est de Madagascar, dans la région de l'Anosy. Cette région, comme le reste de Madagascar, fait face à une dégradation écologique alarmante menaçant sa riche biodiversité. QMM, une filiale de Rio Tinto, y a démarré un important projet d'exploitation minière en 2009. La compagnie a pris plusieurs engagements et sociaux et de réhabilitation écologique des sites après exploition.L'exploitation minière requiert la coupe à blanc du couvert végétal ainsi que la perturbation de la mycorhizosphère du sol pour aller chercher les minéraux jusqu'à une profondeur de 20 mètres. Étant donné le rôle des symbioses racinaires dans l'établissement des plants, ces outils biologiques devraient être partie intégrante des pratiques améliorées de réhabilitation. L'objectif du projet était donc de tester différents symbiotes racinaires (mycorhizes arbusculaires, *Glomus irregulare*) et des bactéries fixatrices d'azote, *Bradyrhizobium sp)* sur *Mimosa latispinosa*, une espèce d'arbuste native de la région, pionnière et fixatrice d'azote.

Glomus irregulare et deux souches malgaches de *Bradyrhizobium spp.* (STM1415 et STM1447) ont été inoculés seuls ou en combinaison sur *M. latispinosa* en pépinière près du site minier. Quatre mois après l'inoculation, il n'y avait pas un effet significatif des souches symbiotiques sur la croissance de la plante, quoiqu'une bonne colonisation ait été observée. La stérilisation du sol engendre toutefois un effet positif sur la croissance des plantes. *G. irregulare* et deux souches de *Bradyrhizobium spp.* STM1413 et STM1415 ont également été testés sur *M. latispinosa* en serre au Centre National de Recherche en Environnement (CNRE) de Madagascar à Antananarivo. Ces essais ont montré que *G. irregulare* seul est inefficace pour stimuler la croissance de la plante, mais que l'inoculation double avec *Bradyrhizobium spp.* l'augmente significativement. Les deux souches testées, STM1413 et STM1415, se sont montrées aussi efficaces pour stimuler la croissance de *M. latispinosa* en serre. Les conditions pédologiques légèrement différentes en serre ne permettent toutefois pas de comparer les résultats aux conditions de la pépinière.

Liste des abréviations

AMF   : Arbuscular mycorrhizal fungi

ANOVA   : Analysis of variance

BTR   : Bactérie de type Rhizobium

CIMM   : Comité International sur les Mines et les Métaux

CLD   : Comités Locaux de Développement

CNRE   : Centre National de Recherche en Environnement de Madagascar

ICMM   : International Council on Mining & Metals

IUCN   :International Union for Conservation of Nature

MA   : Mycorhize arbusculaire

MEF   : Ministère de lÉnvironnement et des Forêts de Madagascar

OMNIS   : Office des Mines Nationales et des Industries Stratégiques de Madagascar

ONG   : Organisation Non-Gouvernementale

PDG   : Président-directeur général

QIT   : Quebec Iron and Titanium

QMM   : QIT Madagascar Minerals

UICN   : Union Internationale pour la Conservation de la Nature

YMA   : Yeast extract-Malt extract Agar

Table des matières

5

Chapitre 1 Revue de la littérature

1.1. Madagascar : Mise en contexte générale

Madagascar, situé à l'Est du continent africain, est la cinquième plus grande ile au monde avec une superficie de 587 041 km² (QMM, 2001a). Sur cette ile représentant le 1,9% du territoire africain, on y retrouve 25% des espèces de plantes africaines et 3% des espèces végétales et de vertébrés du monde (Myers et coll., 2000). L'ile est orientée selon un axe nord-sud et est séparée en deux versants par les hauts plateaux situés au centre de l'ile (QMM, 2001a). La séparation de l'ile du continent africain et indien date d'environs respectivement 160 et 70 millions d'années (Sarrasin, 2007; MEF, 2009a). La grande diversité de reliefs et de climats est responsable de la très grande biodiversité que l'on y retrouve (QMM, 2001a).

Madagascar est considéré comme l'un des plus importants «points chauds» de la biodiversité mondiale, lesquels sont définis comme des endroits à biodiversité et endémisme élevés, ayant perdu plus de 75% de leurs habitats (Myers et coll., 2000; Ganzhorn et coll., 2001). Il est estimé que 90% des forêts originales de Madagascar ont été détruites, principalement par les feux et la culture sur brulis, localement appelée *tavy* (Dumetz 1999; Harper et coll., 2007). Quatre-vingts pour cent de la population malgache étant ruraux, l'activité principale sur l'ile est la culture sur brulis du riz et du manioc (QMM, 2001a). Une fois la forêt brulée, les paysans plantent directement sur le brulis fertile et le cultivent ensuite pour trois ou quatre ans pour finalement effectuer ensuite une jachère de sept à dix ans et recommencer le processus (QMM, 2001a). Cette méthode n'est toutefois pas durable dans le contexte démographique actuel, avec une fertilité des sols et une période de culture qui diminuent à chaque répétition, menant ultimement à des sols désertiques dénudés de leur végétation (*ibid*). À l'intérieur de Madagascar, la forêt littorale a d'ailleurs été ciblée comme une priorité de conservation puisque 90% de celle-ci aurait disparu en raison des activités humaines (Dumetz, 1999; Bollen & Donati, 2006; Consiglio, 2006). La fragmentation des habitats forestiers et l'augmentation de l'effet de lisière sont d'autant plus une menace pour sa conservation et la survie des espèces animales que l'on y trouve (Harper et coll., 2007). Madagascar est ainsi considéré comme une priorité mondiale en matière de conservation de la biodiversité (QMM, 2001a).

Tableau 1.1. Biodiversité et endémisme à Madagascar

TYPE D'ORGANISME	ESPÈCES CONNUES	ENDÉMISME (%)
Plantes	11 000-12 000	80
Mammifères	105	73
Oiseaux	253	41
Reptiles	300	91
Amphibiens	178	99

Source : Mittermeier et coll., 1997

La population malgache rurale dépend fortement de la forêt pour la pratique de l'agriculture sur brûlis pour sa subsistance et comme source de revenus, de matière première pour le bois de chauffe et pour la fabrication de charbon, et de pharmacopée (Barrett, 1999; QMM, 2001a; Rasolofoharivelo, 2007; Sarrasin, 2007). La dégradation des écosystèmes forestiers est ainsi souvent illustrée comme la conséquence de la pauvreté des populations locales (Zeller et coll., 2000). Face à cette problématique, le gouvernement malgache, appuyé par la Banque Mondiale, a mis en place une charte environnementale en 1990

8

et un Plan d'action environnemental (1993-2008) (Sarrasin, 2007; MEF, 2009a; MEF, 2009b). Cela n'a toutefois pas pu empêcher la dégradation de continuer, malgré une diminution du taux de déforestation pour la période 2000-2005 (0,83%) par rapport à 1990 -2000 (0,53%) (*ibid*). Durant la troisième république de Marc Ravalomanana (2002-2009), qui est issu du secteur privé, un nouveau mode de développement du pays a été formulé dans le «Document de stratégie pour la réduction de la pauvreté de la République de Madagascar» avec l'appui de la Banque Mondiale, sans résultats notables pour les populations jusqu'à maintenant (Sarrasin 2007). Cette approche favorise la mise en place de partenariat public-privé, dont des projets miniers, qui doivent assurer une croissance économique, la réduction de la pauvreté et la protection de l'environnement et de la biodiversité (Revéret, 2006).

1.2. La région de l'Anosy

1.2.1. Caractéristiques biophysiques

La région de l'Anosy, située au sud-est de Madagascar, est une région de la province de Tuléar et est divisée en deux sous-préfectures, Fort-Dauphin et Amboasary. Elle couvre 16 173 km^2 avec environ 360 000 habitants et regroupe 38 communes dont celle de Fort-Dauphin est la seule à être urbaine (QMM, 2001a). Le peuple habitant cette région est appelé les Antanosy. La région de l'Anosy est traversée du nord au sud par deux chaines de montagnes, Vohimanas et Anosyennes. Il existe aussi un gradient climatique est-ouest important, faisant en sorte que la côte sud-est où se trouve le projet bénéficie dôn climat humide et de lôutre côté des montagnes (la pointe sud de lôle) dôn climat subaride (QMM, 2001a). La température annuelle moyenne est de 23,7°C, oscillant entre 20,3°C en juillet et 26,9°C en janvier (Vincelette et coll., 2007a). Les précipitations annuelles moyennes sont de1600 mm pour la période 2000-2005 (ibid).

En raison de son isolement du reste de lôle et de la diversité de ses habitats, la région de lôAnosy est considérée comme étant une des régions les plus écologiquement diverses de Madagascar (QMM, 2001b; Goodman & Benstead, 2003; Vincelette et coll., 2007a). Les inventaires floristiques de la région de Fort-Dauphin ont relevé, sur 614 espèces et variétés de plantes vasculaires, 83% dôspèces ou variétés endémiques, dont 7% dôndémisme local des espèces ou variétés ne se retrouvant nulle part ailleurs que dans la sous-préfecture de Fort-Dauphin (Rabenantoandro et coll., 2007). De plus, on y retrouve un type de forêt particulièrement riche, soit la forêt littorale qui sôst développée sur un sol sableux dont il ne reste plus que quelques parcelles à Madagascar (Dumetz, 1999; MEF, 2009a). Ce sol a la caractéristique dôtre peu fertile, particulièrement au niveau des macronutriments (azote, phosphore et potassium) ainsi que des micronutriments (zinc, cuivre, manganèse, bore), et dôtre acide (pH entre 3,2 et 3,8) (QMM, 2001a).

1.2.2. Dégradation environnementale de la région

Alors que le taux de déforestation national aurait diminué pour la période 2000-2005 par rapport à 1990-2000, celui de lôAnosy aurait augmenté passant près de la moitié de la moyenne nationale pour 1990-2000 à plus du double de cette moyenne nationale pour 2000-2005, étant ainsi une des zones les plus dégradées et menacées de l'île (Ganzhorn et coll., 2001; MEF, 2009b). Il ne resterait plus que 10,3% des forêts littorales originales, distribuées en petites parcelles, desquelles 1,5% sont des aires protégées (Consiglio, 2006). Quarante-quatre pour cent (44%) des forêts littorales étaient considérées comme étant en bonne condition en 1998 alors que cette proportion a baissé à 36% en 2005 (Vincelette et coll., 2007b). La cause principale de cette dégradation, comme ailleurs dans le pays, est associée à l'agriculture sur brulis (Bollen & Donati et coll., 2006; Vincelette et coll., 2007b), mais aussi l'exploitation de la forêt à des fins de construction, de bois de chauffe ou de fabrication de charbon à un rythme non durable par les villages environnants (Rasolofoharivelo, 2007). Il s'agit aussi d'une région pauvre du pays, dont le taux de pauvreté est de 82%, comparativement aux standards nationaux de 74% (QMM, 2001a). Dans le secteur de Mandena, premier des trois sites d'exploitation minière, il est estimé que 74 % de la superficie forestière a disparu entre 1950 et 2000 (QMM, 2001a). Cela représente 60% de la zone littorale. Il est estimé que si le rythme de dégradation actuel se maintient, l'essentiel de la forêt littorale devrait avoir disparu d'ici 2020 (QMM, 2001a).

1.3. Le projet d'exploitation de l'ilménite de QMM

1.3.1. Présentation du projet

Durant l'ère interglaciaire Riss-Würn de la fin du Pléistocène (il y a 150 000 à 80 000 ans), une série d'immersions et de régressions marines ont causé la déposition des sables minéralisés sur la côte orientale de Madagascar, lesquels

11

ont ensuite été concentrés par des cycles d'immersions/régressions subséquents (QMM, 2001a; Vincelette et *coll.*, 2007a). Québec Iron and Titanium Inc. (QIT) et le partenariat avec l'Office des Mines Nationales et des Industries Stratégiques de Madagascar (OMNIS) ont démarré un partenariat en 1986 visant à exploiter les sables minéralisés du littoral de la sous-préfecture de Fort-Dauphin, dans la région de l'Anosy. La société QMM S.A. (QIT Madagascar Minerals S.A.), appartenant à 80% à Québec Iron and Titanium (QIT), filiale canadienne de Rio Tinto plc (UK), et à 20% au gouvernement malgache, est chargée d'exploiter l'Ilménite dans la région (QMM, 2001a; Rio Tinto, 2009). L'Ilménite extraite du sable minéralisé est la matière première principale pour la fabrication du bioxyde de titane, dont 95% sont destinés à la production des pigments blancs utilisés pour les peintures, les plastiques et les papiers. Les filiales de Rio Tinto possèdent d'ailleurs 40% de l'exploitation mondiale de matières premières de bioxyde de titane (QMM, 2001a). L'exploitation est prévue en trois sites riches en ilménite, soit Petriky au sud, Mandena au centre et Ste-Luce au nord. Le problème est que les sédiments sont situés sous les derniers vestiges de forêts littorales du sud-est de Madagascar (Goodman & Benstead, 2003). Les trois zones d'exploitation totalisent une superficie de 6000 hectares et le sable minéralisé se trouve jusqu'à une profondeur de 12m à 20m (Revéret, 2006). Le projet doit rapporter 26 millions de dollars par an, dont 7 à 15 millions au gouvernement malgache lorsque l'exploitation aura atteint sa vitesse maximale de 750 000 tonnes par an (QMM, 2001c; Revéret, 2006). L'exploitation des trois sites doit durer plus de 60 ans (QMM, 2001a).

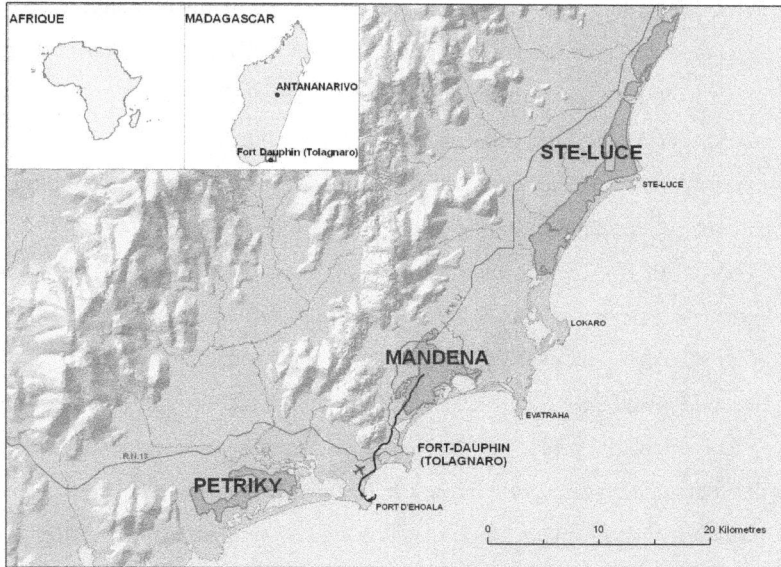

Figure 1.1. Localisation de Madagascar et des sites d'exploitations de QMM

Source : QMM (2001a)

1.3.2. Le processus d'exploitation minière

La végétation est d'abord enlevée, ainsi que l'horizon humifère du sol, de 10 à 40 cm et de très faible fertilité, qui est entreposé (QMM, 2001a). Ensuite un bassin de 500 m x 300 m avec une profondeur de 15 m est creusé sur lequel flotte l'usine de séparation et la drague qui aspire le sable à l'avant du bassin pour le rejeter à l'arrière, avançant constamment de quelques mètres par jour suivant un trajet prédéterminé (voir fig.1.2.) (QMM, 2001a). L'usine flottante est responsable de la séparation des minéraux par centrifugation et gravité en

13

fonction de leur masse, via une spirale en mouvement continu et (QMM, 2001a). Il n'y a ainsi aucun produit chimique utilisé dans la phase d'extraction (QMM, 2001a). Les minéraux lourds composant 5% du sable total sont ainsi extraits et le 95% de silice restant sont ensuite pompés derrière le bassin d'extraction, pour être ensuite redistribués et compactés à l'aide de bulldozers en vue de reconstruire une topologie similaire à celle avant l'extraction (QMM, 2001a). La stabilité de l'ilménite dans le sol ne le rend pas accessible pour la plante et par conséquent, son retrait n'affecterait pas la fertilité du sol (QMM, 2001a). Les sables minéralisés sont ensuite transportés vers une seconde usine qui sépare l'ilménite et le zircon des minéraux lourds sans valeur (monazite), puis vers le port d'Ehoala où les minéraux sont chargés sur des bateaux et transportés jusqu'à l'usine de Sorel (Québec) où ils seront transformés puis majoritairement acheminés vers la Chine en réponse à la demande grandissante (QMM, 2001a; Cook, 2005; Revéret, 2006). Le site à plus grand potentiel en ilménite est celui de Mandena, le premier en exploitation, qui a débuté en 2009 (QMM, 2001a).

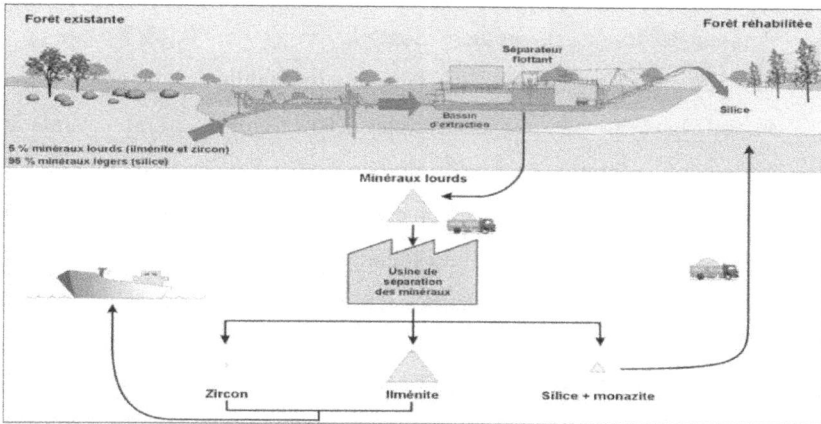

Figure 1.2. Processus d'exploitation de l'Ilménite par QMM
Source : QMM, 2001a

1.4. Les engagements de QMM

1.4.1. La responsabilité environnementale

Le projet de QMM s'insère dans le modèle de développement mis de l'avant dans la troisième République de Madagascar où l'augmentation des exportations devrait contribuer à réduire la pauvreté locale et protéger la biodiversité (Revéret, 2006; Sarrasin, 2006). Parallèlement, du côté du secteur minier, en 1998, les présidents-directeurs généraux (PDG) des neufs plus grandes compagnies minières mondiales ont lancé le «Global Mining Initiative» (Littlewood, 2000) qui a mené à la création du Conseil international des mines et des métaux (CIMM) et à un cadre stratégique de développement durable de l'industrie minière dont, le projet de QMM en est un projet pionnier (Rio Tinto, 2009). Rio Tinto a aussi publié ses intentions d'avoir un impact positif sur la biodiversité (Rio Tinto, 2008). Parallèlement, Conservation International, très présente à Madagascar, a aussi publié en 2000 le «guide pour une industrie minière responsable» (Sweeting & Clark, 2000).

Ainsi, une longue période d'évaluation environnementale (1989-2001) a précédé la mise en place du projet d'extraction de QMM (QMM, 2001a; Sarrasin, 2007). En vue de protéger les vestiges restants de la forêt littorale très dégradée, QMM, avec les comités locaux de développement (CLD), les organisations non gouvernementales (ONG), les gouvernements et villageois, a mis en place 720 ha d'aire de conservation dans la région, dont 230 ha près de Mandena, premier site d'exploitation (QMM, 2001c; QMM, 2007). Cette zone de conservation de Mandena est composée à 70% de forêt littorale et de 30% de marécages (QMM, 2001a). Des espèces exotiques à croissance rapide (*Eucalyptus* principalement) ont aussi été plantées autour des aires de conservation afin de permettre l'accès aux populations à du bois de chauffe et de construction et de réduire la pression sur les écosystèmes naturels. QMM s'est aussi engagé dans une stratégie de reforestation avec les communautés, de réhabilitation et de restauration des sites perturbés par les activités minières ou associées, à effectuer des études de suivi de la biodiversité, à mener des programmes de recherche et de conservation des espèces endémiques et/ou menacées (Rio Tinto, 2009). Au niveau du site de Mandena, 10% du site (212ha) sera restauré avec des essences natives, 75% du site sera réhabilité avec des essences exotiques à croissance rapide (1590ha) et 15% du site

16

(318ha) sera restauré en milieux marécageux (QMM, 2001d). Ils se sont aussi engagés à développer des projets chez les communautés en vue d'en diminuer la pauvreté (QMM, 2007; Sarasin et *coll.*, 2009 (en préparation). Les ententes avec les villageois ont été entérinées sont forme de *dina*, un système de contrat traditionnel. Pour la restauration écologique des sites miniers, la méthode promue par QMM est de favoriser les espèces pionnières autochtones fixatrices d'azote, soit celles les plus susceptibles à être adaptées à croitre dans le substrat sableux de Fort-Dauphin et qui pourront fertiliser le sol en azote, le stabiliser et y accumuler des substances nutritives (QMM, 2001d).

Tableau 1.2. Revenus et leur distribution pour l'exploitation de l'ilménite

ZONE DE CONSERVATION	AIRE (ha)	ILMENITE EXPLOITABLE M t (% DU SECTEUR)	DIVIDENDES PAYABLES À QMM (M $ US)	EMPLOIS PERSONNES/ANNEE	REVENUS POUR L'ETAT (M $ US)
Petriky	60	1,0 (5 %)	$ 34	800	$ 28
Mandena	230	1,8 (8 %)	$ 61	1440	$ 50
Sainte-Luce	430	4,6 (20 %)	$ 156	3680	$ 129
Total	720	7,4 (12 %)	$ 251	5920	$ 207

Source : QMM, 2001a

1.4.2. Le cas particulier de la restauration écologique

La restauration écologique des sites perturbés par l'exploitation minière implique de reconstruire l'écosystème qui prévalait avant extraction selon une approche à long terme de succession écologique. En vue de faciliter cette restauration, une superficie d'environ 25 ha est défrichée tous les trois mois avant l'exploitation minière par l'usine flottante, l'horizon humique du site à exploiter étant enlevé tout juste avant l'exploitation, entreposé et remis ensuite sur le site après l'exploitation minière en vue de réduire au minimum le temps

17

d'entreposage (QMM, 2001c). Pour la restauration écologique, les zones de conservation serviront de réserve pour la collecte de semences (QMM, 2001a). Deux grandes pépinières seront aussi mises en place afin de permettre la réhabilitation et la restauration des sites perturbés, pouvant produire jusqu'à 250 000 plants par année (QMM, 2001a; Rarivoson & Mara, 2007). Dans une optique de restauration écosystémique, la priorité en recherche et en transplantation sur le site perturbé sera donnée aux espèces pionnières de la forêt littorale, préalablement testées en pépinière (QMM, 2001c). Les espèces pionnières sont des espèces héliophiles qui pourront coloniser et se développer dans un milieu ouvert après une perturbation, donc aptes à démarrer la succession végétale dans la restauration de l'écosystème (QMM, 2001a). Toutefois, des espèces intermédiaires et «climaciques» seront aussi plantées en vue d'accélérer quelque peu le processus de restauration (QMM, 2001c). Tous les plants destinés à être utilisés pour la restauration vont d'abord croître en pépinière durant quelques mois (QMM, 2001c).

Considérant que 68% de la superficie à exploiter se trouverait en milieu ouvert sans grande végétation suite à des cycles répétés de brulis (*tavy),* la restauration écologique pourrait aussi permettre d'augmenter le potentiel économique de la forêt par rapport à la situation initiale (QMM, 2001c). Il s'agira aussi d'une opportunité de reconstruire des habitats fauniques, des zones tampons pour les aires de conservation et d'assurer la production de biens et services pour la population (plantes médicinales, apiculture, produits ligneux, etc.) (*ibid*). Il s'agit d'un projet pionnier en matière de responsabilité environnementale et sociale dans l'industrie minière, pouvant former un nouveau modèle corporatif remplissant les nouveaux standards fixés par l'UICN-CIMM (IUCN-ICMM, 2003).

1.5. Les mycorhizes

Les mycorhizes sont une association symbiotique entre un champignon (mycète) et les racines d'une plante vasculaire. Le mot mycorhize a une origine gréco-latine, dérivé de $\mu\upsilon\kappa\varepsilon\varsigma$ (=champignon) et de *rhiza* (=racine). Il existerait sept types principaux de mycorhizes soit les ectomycorhizes, les mycorhizes arbusculaires, les mycorhizes éricoïdes, les mycorhizes arbutoïdes, les mycorhizes orchidaceae, les ectendomycorhizes ainsi que les mycorhizes sébacinoïdes (Fortin et *coll.*, 2008). Le tableau suivant résume les principales caractéristiques de chacune de ces mycorhizes.

Tableau 1.3. Caractéristiques principales des différents types de mycorhizes

LES DIFFÉRENTS TYPES DE MYCORHIZES					
TYPES DE MYCORHIZES	**CHAMPIGNONS IMPLIQUÉS**	**PLANTES HÔTES**	**STRUCTURES FONGIQUES**	**STRUCTURES DE L'HÔTE**	**IMPACTS PHYSIOLOGIQUES**
Arbusculaires	Champignons microscopiques gloméromycètes ~200 espèces	Bryophytes et plantes vasculaires : 70 % des espèces actuelles	Arbuscules et vésicules intracellulaires, mycélium et spores extraracinaires	Peu de changements, coloration jaune	Accès à l'eau et aux minéraux peu mobiles accru, résistance aux maladies, phytophagie et phénologie modifiées
Ectomycorhizes	Champignons supérieurs : basidiomycètes ascomycètes : milliers d'espèces	Arbres gymnospermes et angiospermes : 5 % des espèces actuelles	Manchon, mycélium intercellulaire, rhizomorphes, sclérotes, ascomata, basidiomata. Absence de pénétration intracellulaire	Hypertrophie corticale, ramifications dichotomiques ou racémeuses	Accès accru aux minéraux, utilisation de l'azote organique, résistance aux maladies et nématodes, tolérance aux pH acides et aux métaux lourds
Ectendomycorhizes	Deutéromycètes : quelques espèces	Pins, rares	Manchon mince, mycélium intercellulaire, pénétration intracellulaire, ascomata	Hypertrophie corticale, ramifications	idem
Arbutoïdes	Basidiomycètes : quelques espèces	Éricacées, rares	Manchon mince, pénétration intracellulaire, basidiomata	Hypertrophie corticale	idem
Éricoïdes	Ascomycètes : quelques dizaines d'espèces	Éricacées : 5 % des espèces actuelles	Mycélium intracellulaire, ascomata	Peu de modifications	idem
Orchidoïdes	Basidiomycètes et mycéliums stériles peu connus	Orchidées : 10 % des espèces actuelles	Mycélium intracellulaire pelotonné ; basidiomycètes	Peu de modifications	Souvent essentiel à la morphogénèse, nutrition saprophytique de la plante, protection contre les pathogènes
Sebacinoïdes	Piriformospora ; basidiomycètes : quelques espèces	Variées	Mycélium intracellulaire	Peu de modifications	Peu connus

Source : Fortin et *coll.*, 2008

1.6 Les mycorhizes arbusculaires

1.6.1. Présentation générale de la symbiose

Les mycorhizes arbusculaires (MA) est une association entre des zygomycètes (ordre des glomales) et des plantes terrestres (Harrisson, 1997; Koide &

Mosse, 2004; Smith & Read, 2008). Elles n'ont été identifiées et décrites qu'à la fin du 19ᵉ siècle (Koide & Mosse, 2004). Les MA sont des symbiotes obligatoires, nécessitant donc la présence d'un hôte pour compléter leurs cycles vitaux (Bago et *coll.*, 1999; Fortin et *coll.*, 2002). Les MA se distinguent des autres principaux types de mycorhizes de par leur capacité à former des arbuscules. Les arbuscules sont des structures uniques d'échange entre le mycète et la plante qui se développent à l'intérieur des cellules corticales des racines de la plante hôte (Smith & Read, 2008). Les MA forment aussi des vésicules intracellulaires (ou intercellulaires) ayant une fonction de stockage, caractéristique des MA (*ibid*). Des hyphes pourront aussi se développer à l'intérieur et à l'extérieur de la racine (*ibid*). Les structures à l'intérieur de la racine seront très variables en fonction de la symbiose considérée et par conséquent, l'identification des MA sur la base du morphotype est très complexe (Dickson, 2004). Deux morphologies types sont maintenant présentes dans la littérature, soit celles de type *Arum* et celle de type *Paris,* et il existe un continuum de structures intermédiaires entre ces deux dernières (Dickson, 2004). Celles de types *Arum* sont mieux décrites et plus typiques, formant une arbuscule, alors que celles de type *Paris,* moins connues, mais abondantes, forment plutôt un enroulement intracellulaire, autrefois considérées comme une exception puisque l'arbuscule définit ce qu'est la MA (Dickson, 2004).

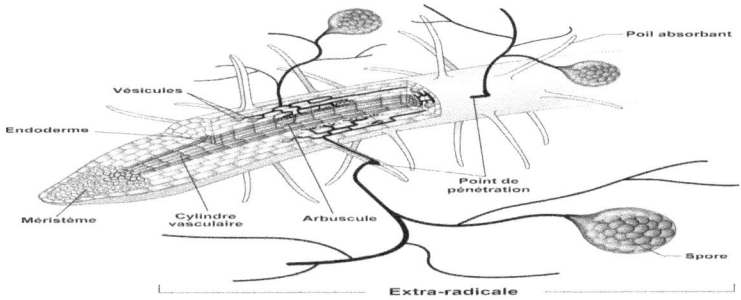

Figure 1.3. Structure de la symbiose mycorhizienne arbusculaire
Source : Fortin et *coll.*, 2008

1.6.2. Abondance et importance évolutive

Les mycorhizes arbusculaires (MA) formeraient des symbioses avec environ 80% des espèces et 92% des familles de plantes terrestres (Wang & Qiu, 2006). Les relevés fossiles des premières colonisations racinaires par des mycorhizes arbusculaires ainsi que l'analyse de séquences de la petite sous-unité ribosomale de l'ARN tendent à situer l'apparition des MA à une période datant de 353 à 462 millions d'années (voir fig.1.4.) (Barea & Azcon-Aguilar, 1983; Simon et *coll.*, 1993). Les MA auraient ainsi pu être directement impliquées lors de la colonisation de la terre, durant le Silurien-Dévonien il y a environ 400 millions d'années, en étant associées avec une algue semi-aquatique ancestrale et en lui permettant de résister à la dessiccation (Simon et *coll.*, 1993). Il est ainsi compréhensible que les MA soient abondantes dans une diversité de familles de plantes et jouent un rôle écologique crucial, ayant co-évolué avec les végétaux depuis qu'ils ont gagné le milieu terrestre.

22

Finalement, les MA sont donc la norme plutôt que l'exception dans le règne végétal (Lambert et *coll.*, 1979).

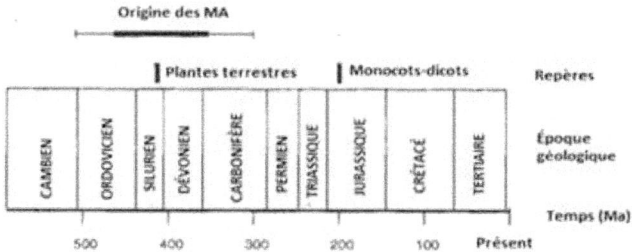

Figure 1.4. Origine des mycorhizes arbusculaires par rapport à l'évolution des plantes terrestres
Source : Adapté de Simon et *coll.,*1993

1.6.3. Colonisation et développement de la symbiose

Les structures servant d'inoculum pour les racines, les propagules, peuvent être des spores, des fragments de racines colonisées et des hyphes qui persistent dans le sol (Smith & Read, 2008). Il est possible de diviser la formation de la symbiose en trois phases. La première est celle où les tubes germinaux, soit les hyphes initiales, vont croitre à partir des spores avec une forte dominance apicale à la recherche de racines hôtes (Smith et *coll.*, 1986; Bécard & Piché, 1989; Juge et *coll.*, 2000). En second lieu, à l'approche d'une racine hôte, de bouts racinaires ou de certaines molécules contenues par celles-ci, il y aura diminution de la dominance apicale et la division de l'hyphe, signe de reconnaissance entre les symbiotes (Barea & Azcon-Aguilar,

23

1983; Peterson & Bonfante, 1994; Rosewarne et *coll.*, 1997; Giovannetti & Sbrana, 1998; Juge et al ., 2009). Suite à l'attachement des hyphes à la racine, il y aura formation d'appressorium, colonisation racinaire et formation des structures d'échanges intraracinaires, les arbuscules (Giovannetti et coll., 1993; Juge et *coll.*, 2000). Les arbuscules sont des structures éphémères et il est observé depuis longtemps qu'elles se désagrègent avec le temps à l'intérieur des cellules qui demeurent vivantes et qui peuvent être à nouveau colonisées pour former de nouvelles arbuscules (Cox & Sanders, 1974). Notons toutefois que dans les mycorhizes arbusculaires de type *Arum*, les transferts des éléments vers la plante se fait par les arbuscules alors que dans le type *Paris*, par les enroulements fongiques intracellulaires (Dickson, 2004). Finalement, dans un troisième temps, il y aura la phase extraracinaire où les hyphes vont croitre dans le sol, y capter les nutriments et l'eau dans sa fonction symbiotique et le mycète va ainsi compléter son cycle vital en formant des spores et en les relâchant dans le sol (Juge et *coll.*, 2000).

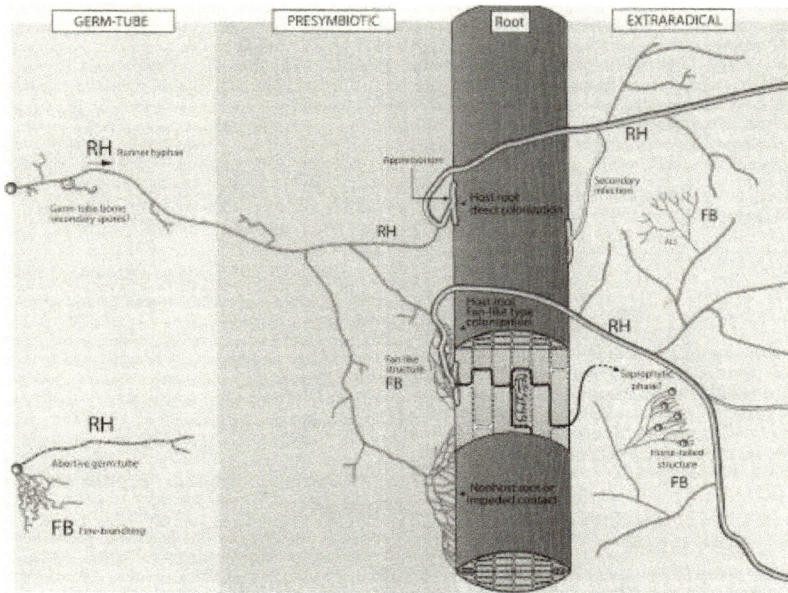

Figure 1.5. Les trois phases de développement des hyphes de la partie mycélienne de la mycorhize arbusculaire

Source : Juge et *coll.*, 2000

Les taux de colonisation racinaire seraient généralement représentés par une courbe sigmoïde incluant trois phases. La première est un délai avant que la colonisation soit notable, suivie d'une phase d'augmentation rapide de la colonisation où la croissance mycélienne interne et externe, à laquelle est liée l'efficacité de la symbiose, excède la croissance racinaire, impliquant parfois une diminution de la croissance de la plante par rapport aux témoins, suivie finalement d'une troisième phase de plateau où ces deux taux de croissance s'équilibrent (Sanders et coll., 1977; Bethlenfalvay et coll., 1982; Graham et coll., 1982; Bethlenfalvay et coll., 1983; Manjunath & Habte, 1988).

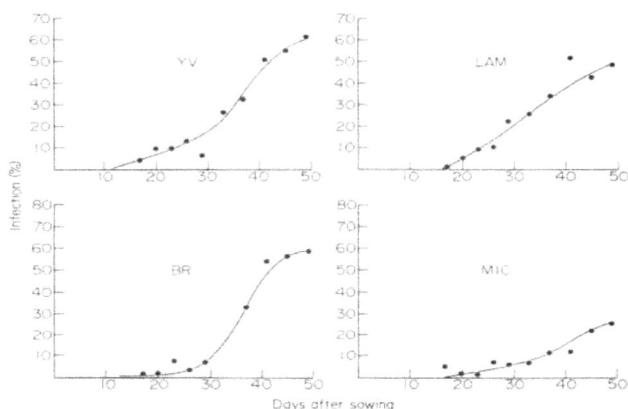

Figure 1.6. Taux de colonisation des MA en fonction du temps
Source : Sanders et coll., 1977

1.6.4. Effets sur le développement de la plante

La littérature abonde par rapport à l'influence positive des MA sur la croissance et la survie des espèces végétales (Sanders et coll., 1977; Smith, 1980; Manjunath & Habte, 1988; Kothari et coll., 1990; Marschner & Dell, 1994; Harrison, 1997; Bago et coll., 1999; Smith & Read, 2008). Toutefois, sous certaines conditions, l'effet des MA sur la plante serait réduit (Smith, 1980; Stribley et coll., 1980; Bethlenfalvay et *coll.*, 1982; Buwalda & Goh, 1982; Peng et coll. 1993; Marschner & Dell, 1994; Bago, 1999; Smith & Read, 2008). Cela peut être le cas lorsque les bénéfices en apport de

26

nutriments ne sont pas suffisants pour compenser les coûts en carbone liés au mycète, lorsque la plante possède un système racinaire plus fin à croissance rapide avec des poils absorbants plus développés, donc efficaces pour capter les nutriments, ou quand tous les nutriments (P surtout) sont présents en abondance (*ibid*). Cela peut aussi être le cas lorsque la source de carbone est limitée tel qu'en présence d'une faible irradiance (*ibid*). L'augmentation de l'absorption des nutriments par le mycète serait attribuée à l'augmentation de l'absorption des hyphes, l'exploration d'un plus grand volume de sol résultant particulièrement du plus faible diamètre des hyphes par rapport aux racines ainsi qu'à des modifications physiologiques de la plante et de la structure du sol (Smith, 1980; Bolan, 1991; Clark & Zeto, 2000; Smith & Read, 2008).

1.6.5. Absorption du phosphore

L'effet principal des MA sur la croissance de la plante serait lié à l'augmentation de la prise de phosphore, particulièrement dans les sols où il est limitant (Lambert et coll., 1979; Smith, 1980; Marschner & Dell, 1994; Clark & Zeto, 2000; Smith & Read, 2008). Cela est aussi vrai pour celles de type *Arum* que celles de type *Paris* (Cavagnaro et *coll.*, 2003; Smith et coll., 2004). Le phosphore étant le principal apport des MA pour la plante, une concentration du sol élevée en phosphore a généralement comme conséquence d'inhiber ou de limiter la colonisation racinaire, la croissance hyphale ainsi que la formation de propagules, source d'énergie pour les hyphes (Jasper et *coll.*, 1979; Lambert, 1979; Thompson, 1990; Abbott et *coll.*, 1984; de Miranda & Harris, 1994). Toutefois, d'autres facteurs entrent en jeu dans le développement hyphal, tel que la température, l'irradiance, la quantité

27

dexsudats racinaires et les espèces impliquées dans la symbiose (Hayman, 1974; Graham et coll., 1982; Thomson et *coll.*, 1990; Smith & Gianinazzi-Pearson, 1999).

1.6.6. Absorption dautres nutriments

Les MA pourraient aussi augmenter labsorption de lazote par la plante à partir du sol, principalement sous forme dammonium et à partir de latmosphère en augmentant lefficacité de la fixation biologique de lazote chez les plantes légumineuses et actinorhiziennes (Barea et coll.,1987; Marschner and Dell, 1994; Clark & Zeto, 2000; Smith & Read, 2008). Elles pourraient aussi augmenter, entres autres, labsorption de Zn (Bowen et coll., 1974; Lambert et coll. 1979; Manjunath & Habte, 1988; Faber et *coll.*, 1990; Thompson, 1990), de cuivre (Mosse, 1957; Lambert et coll., 1979; Manjunath & Habte, 1988; Li et coll., 1991), de potassium et de fer (Mosse, 1957) ainsi que de sodium et de souffre (Cooper & Tinker, 1978). De plus, lorsque certains minéraux deviennent toxiques pour la plante à des concentrations élevées, tel le zinc, le cadmium ou le manganèse, les MA jouent alors le rôle de biofiltre en réduisant leur absorption par la plante (Heggo & Angle, 1990; Clark and Zeto, 2000; Li & christie, 2001; Zhu et coll., 2001; Burleigh et coll. 2003)

1.6.7. Résistance aux stress hydriques

Il est très bien connu maintenant que la colonisation par les MA modifie les relations hydriques de la plante et peut accroitre sa résistance à la sécheresse, malgré une transpiration et une conductance stomatale supérieure pour les plants colonisés par des MA par rapport aux plants seuls (Cooper & Tinker, 1981; Kothari et coll., 1990; Augé, 2001; Ruiz-Lozano, 2003). Il est aussi accepté que dans des conditions de stress hydriques, les plantes en MA seraient plus performantes pour acquérir le phosphore que les plants non-mycorhizés (George et coll., 1992; Subramanian et coll., 1997; Al-Karaki & Clark, 1998; Clark & Zeto, 2000). Les MA sont aussi connues pour améliorer la structure du sol ainsi que la stabilité des agrégats, avec la conséquence d'augmenter la rétention d'eau par rapport à un sol peu structuré (Miller & Jastrow, 1990; Augé, 2001)

1.6.8. Résistance aux pathogènes

Les MA peuvent aussi contribuer à la protection de la plante vis-à-vis les pathogènes du sol, l'inoculation de MA pouvant réduire le développement des maladies végétales (Azcón-Aguilar & Barea, 1996; Filion et coll., 1999; Linderman, 2000; Sharma & Johri, 2002; Lioussanne et coll., 2009) De plus, la faible incidence des pathogènes dans les écosystèmes non perturbés pourrait être dû à l'équilibre existant entre les micro-organismes, sur lesquels les MA ont une influence importante et directe (Fillion et coll., 1999). Les mécanismes hypothétiques sont nombreux (Azcón-Aguilar & Barea, 1996) quoique les mieux acceptés sont essentiellement la modification de la communauté microbienne du sol par les MA, dont la fréquence et l'activité des micro-organismes antagonistes aux pathogènes (Ames et coll., 1984; Meyer & Linderman, 1986). L'amélioration de la nutrition de la plante mycorhizée et la diminution des stress qu'elle subit lui permet aussi de mieux lutter contre les pathogènes qu'un hôte affaibli (Linderman, 2000).

1.7. La nodulation

1.7.1. Les bactéries nodulantes

Trois catégories de symbiotes peuvent fixer l'azote chez une plante, soit les bactéries de type *rhizobium* (BTR) chez la famille des *Fabaceae*, les actinomycètes *Frankia spp.* chez huit familles de plantes actinorhiziennes et des micro-organismes fixateurs libres comme l'*Azospirillum* chez quelques espèces graminées, dont le riz, la canne à sucre et le maïs (Hirsch et coll., 2001). Toutefois, seul *Rhizobium* et *Frankia spp.* Peuvent former des nodules, quoique leur développement et morphologie sont généralement différents (Sprent & Parsons, 2000; Hirsch et coll., 2001). Une diversité immense de formes de BTR est retrouvée dans la nature, amenant la séparation sur le critère de leur taux de croissance (Dowling & Broughton, 1986). En ce sens, les bactéries à croissance rapide sont regroupées sous le genre *Rhizobium* et celles à croissance lente sous le genre *Bradyrhizobium* (Jordan, 1982). Dans le présent texte toutefois, sauf avis contraire, le terme général bactérie de type *Rhizobium* (BTR) sera utilisé pour référer à ces deux genres. Les BTR peuvent vivre durant une longue période selon deux modes, soit le mode solitaire hétérotrophe (saprotrophe) ou en symbiose avec un végétal (Dowling & Broughton, 1986; Brunel et coll., 1988).

30

1.7.2. Les hôtes fixateurs d'azote

La famille regroupant les espèces végétales pouvant effectuer le nodulation et fixer l'azote est la troisième plus importante famille d'angiospermes, officiellement nommée *Fabaceae*, bien que, parfois, le nom *Leguminosae* était autrefois utilisé (Allen & Allen, 1981; de Faria et coll., 1989; Sprent, 1999; Hirsch et coll., 2001; Sprent, 2005). Cette famille regroupe environ 643 genres et 18 000 espèces et environ 40% des genres connus à ce jour forment des nodules (De Souza Moreira et coll., 1992; Sprent, 1999). Celles formant des nodules se distinguent des autres plantes par leur capacité de répondre au facteur *Nod* relâché par les BTR, facteur essentiel à la nodulation (Schultze & Kondorosi, 1998; Hirsch et coll., 2001; Kinkema et coll., 2006). La famille des *Fabaceae* est divisée en trois sous-familles, soit *Caesalpininioideae* (*Caesalpiniaceae*), *Mimosoideae* (*Mimosaceae*) et *Papilionoideae* (*Papilionaceae*) (Sprent, 2005). La nodulation dans la sous-famille des Caesalpinioideae est rare (environ 25%) quoique plusieurs genres n'aient toujours pas été investigués en ce sens (de Faria et coll., 1989; Hirsch et coll., 2001). Au niveau des *Mimosoideae* et *Papilionaceae*, il y a une grande proportion d'espèces nodulantes (environ 90% et 97% respectivement), quoiqu'il existe plusieurs exceptions, dans les genres plus ancestraux principalement (Allen & Allen, 1981; de Faria et coll., 1989; Hirsch et coll., 2001; Sprent, 2005).

Tableau 1.4 Caractéristiques générales des trois sous-familles de *Fabaceae*

	Caesalpinioideae	Mimosoideae	Papilionoideae

Nombre de genres	157	78	479
Genres nodulants	8	42	297
Distribution	Tropical humide surtout	Tropical/subtropical, Souvent dans les milieux secs	Tropical jusqu'aux milieux arctiques, milieux secs à inondés
Forme végétale	Arbres surtout	Arbres surtouts et arbustes	Arbres, arbustes et herbes
Nodulation	Rare, structure nodulaire habituellement primitive	Commun, mais avec des exceptions importantes	Très commun, avec plusieurs exceptions

Source : Sprent, 2005

1.7.3. Processus de colonisation et de développement de la symbiose

Peu de tendances générales de spécificité hôte-*Rhizobium* ont pu être mises en évidence, des espèces végétales de toutes les sous-familles pouvant noduler avec une même souche de BTR et l'efficacité de la symbiose étant variable selon l'association plante-BTR considérée (Turk & Keyser, 1992; Bala & Giller, 2001; Odee et coll., 2002). Toutefois, l'interaction symbiotique aurait un degré élevé de spécificité (Schultze & Kondorosi, 1998). L'efficacité des nodules est aussi très variable non seulement entre des symbioses données, mais entre des nodules d'une même racine.

Dans le processus de colonisation, tout d'abord, la BTR va généralement coloniser l'hôte via les poils absorbants, mais aussi via des blessures ou lésions (Boogerd & Van Rossum, 1997). Le poil racinaire colonisé va ensuite se courber (6-18h après inoculation), la bactérie va descendre vers le cortex racinaire pour y pénétrer les cellules et simultanément engendrer la division des cellules du cortex racinaire jusqu'au développement des nodules, qui deviendront généralement apparents 6-18 jours après l'inoculation (Schultze & Kondorosi, 1998). Il est important de noter ici que plusieurs plantes peuvent être colonisées à la fois par des bactéries du genre *Rhizobium sp.* et *Bradyrhizobium sp.* (Trinick, 1980).

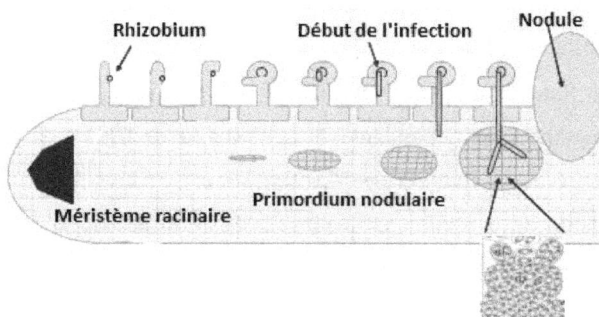

Figure 1.7. Processus de colonisation et de formation des nodules
Source : Kinkema et coll., 2006

33

Les structures, le nombre et la taille des nodules sont aussi variables, non pas selon la souche de *Rhizobium* mais en fonction de l'espèce végétale hôte (Sprent, 2005). Un nodule efficace dans la fixation de l'azote aura aussi généralement une masse plus grande que ceux qui sont inefficaces, et la masse individuelle des nodules efficaces seraient plus grands lorsque le rapport entre le nombre de nodules efficaces/inefficaces

est plus faible (relation inversement proportionnelle) (Singleton & Stockinger, 1983). La symbiose consistera donc à un échange de carbone de la plante par de l'azote sous forme d'acides aminés, d'amides ou d'uréides de la BTR dans le nodule (Atkins, 1984).

1.7.4. Influence de la nodulation sur la nutrition en azote

L'azote est certainement un des éléments le plus limitants pour les espèces végétales (Allen & Allen, 1981). Ainsi, la capacité des *Fabaceae* à pouvoir fixer l'azote atmosphérique leur donne un avantage compétitif par rapport aux autres espèces dans un écosystème où les concentrations d'azote inorganique sont limitantes (Hartwig, 1998). Cela contribue bien sûr aux autres végétaux puisque l'azote fixé sera retourné au sol lors de la sénescence des feuilles, cette quantité étant dépendante de la biomasse de l'individu en question et de l'efficacité de la fixation de l'azote (Allen & Allen, 1981; Hartwig, 1998). L'efficacité de la symbiose quant à la fixation de l'azote est dépendante de l'hôte et du symbiote en question. En effet, des souches de *Rhizobium* peuvent fixer des quantités considérables d'azote chez un hôte, mais être inefficaces pour fixer l'azote avec un autre hôte, même si des nodules sont formés dans tous les cas (Turk & Keyser, 1992; Bala & Giller, 2001).

1.7.5. Influence de la nodulation sur la nutrition en phosphore

La fixation de l'azote atmosphérique par les nodules causerait le relâchement de substances acidifiant le sol et pouvant donc solubiliser certaines formes de phosphate et le rendre disponible pour la plante (Aguilar & Van Diest, 1981). En conditions limitantes en phosphore, il y aura une prise supérieure de cations par rapport aux anions par la plante symbiotique, créant une acidification pouvant rendre le phosphore plus disponible (Tang et coll., 2001). Sprent (1999) a aussi montré que la concentration foliaire de phosphore des végétaux avec des nodules serait généralement supérieure à ceux non nodulés.

1.7.6. Influence de la pédologie sur la nodulation

Azote

La nodulation est influencée par plusieurs facteurs notamment la concentration et la forme d'azote dans le sol, l'espèce végétale hôte, la souche de *Rhizobium*, l'âge de la plante, et plusieurs autres facteurs environnementaux (Atkins, 1984). Une grande disponibilité d'azote au sol (nitrate ou ammonium) aurait généralement comme effet de réduire l'initiation et la croissance des nodules ainsi que l'activité de fixation de l'azote (Dart & Mercer, 1965; Malik et coll., 1987; Hartwig, 1998; Kinkema et coll., 2006; Bollman & Vessey, 2006; Pons et coll., 2007). Dart & Mercer (1965) a constaté que l'application d'azote inorganique faisait tourner l'intérieur des nodules du rouge au vert, signe de la perte de leghémoglobine et d'arrêt de la fixation de l'azote. Il est bien connu que l'activité de la nitrogénase serait couteuse en carbone et par conséquent, il est possible de supposer que cette activité soit réduite quand les nitrates ou l'ammonium sont facilement accessibles en quantités suffisantes (Atkins, 1984, Thohy et coll., 1991). Malik et coll. (1987) souligne que la plante s'adapte aux changements de disponibilité des nitrates en contrôlant l'inhibition de la formation des nodules. À l'inverse, en conditions limitantes en azote, le facteur *Nod* serait activé pour induire la division des cellules corticales et la formation de nodules (Schultze & Kondorosi, 1998).

Phosphore

La fixation de l'azote serait très influencée par la disponibilité du phosphore, et par celle du zinc dans une moindre mesure (Israel, 1987; Leung & Bottomley, 1987; Saxena & Rewari, 1991; Hirsch et coll., 2001; Kouas et coll., 2005; Sadowsky, 2005). En conditions de carence en phosphore, la masse de nodules, leur nombre et leur développement seraient affectés négativement (Drevon & Hartwig, 1997; Qiao et coll., 2007). En ce sens, l'augmentation de la nodulation et de la fixation de l'azote suite à l'application de phosphore serait bien connue (Israel, 1987; Sprent, 1999; Qiao et coll., 2007). Les nodules elles-mêmes seraient un puits considérable de phosphore, quoiqu'il ne serait pas juste d'assumer que toutes les plantes fixatrices d'azote ont des besoins en phosphore supérieurs aux autres plantes (Sprent, 1999). Des variations génétiques existent entre les plantes d'un même site. Les plantes natives d'un endroit où le sol est pauvre en azote seraient plus efficaces pour fixer l'azote à de faibles concentrations de phosphore, suggérant qu'une sélection de plants performants en ce sens soit possible (Pons et coll., 2007)

Les souches de BTR se retrouvent à travers un large spectre de pH, chacune des souches étant adaptée à l'environnement où elle est retrouvée, quoique peu de souches existeraient à des pH inférieurs à 4,5, et soient généralement réduites en abondance à un pH de inférieur à 6 (Vargas & Graham, 1988; Caetano-Anollés, 1989; Graham et coll., 1994). Il est aussi généralement considéré que les souches de *Bradyrhizobium* sont plus tolérantes aux faibles pH que celles de *Rhizobium* (Hungria & Vargas, 2000). La phosphatase serait aussi moins efficace lorsque le pH est bas, résultant ainsi en une plus grande utilisation de phosphore à un pH qui tend vers la neutralité qu'à un pH acide, pour une même concentration de phosphore dans le sol. Toutefois, des températures élevées, tout comme la sécheresse (stress osmotique), sont deux causes majeures de l'échec de la nodulation (Saxena & Rewari, 1991; Hungria & Vargas, 2000).

1.8. La double inoculation

1.8.1. Les effets sur la plante

Deux des trois sous-familles de *Fabaceae* sont connues pour pouvoir posséder à la fois des nodules et des MA, soit les *Papilionoideae* et les *Mimosoideae* (Barea & Azcon-Aguilar, 1983). De façon générale, un plant doublement colonisé (BTR et MA) aurait tendance à avoir une augmentation de la croissance ainsi qu'une plus importante nodulation et fixation d'azote par rapport aux plants colonisés par un seul symbiote (Barea & Azcon-Aguilar, 1983; Pacovsky et coll., 1986; Kawai & Yamamoto 1986; Badr El-Din &

37

Moawad, 1988; Ames et coll., 1991; Khan et coll., 1995; Sharma & Johri, 2002; Mortimer et coll., 2008). Ce résultat est attribuable à une meilleure nutrition simultanée en azote et en phosphore (Bagyaraj et coll., 1979; Barea & Azcon-Aguilar, 1983; Manjunath et coll., 1984; Vejsadova et coll., 1992; Zaidi & Khan, 2006; Meghvansi et coll., 2008). En échange, la plante doit fournir une part considérable de son carbone issu de la photosynthèse aux nodules et MA (Harris et coll., 1985).

1.8.2. Compatibilité entre les souches de BTR, de MA et la plante

Dans certains cas, lâinoculation double pourrait ne pas engendrer dâaugmentation de la croissance de la plante ou de sa nutrition en raison de lâincompatibilité sélective entre les souches, lâune empêchant la colonisation de lâautre (Manjunath et coll., 1984; Azcón et coll., 1991; Ahmad, 1995; Santiago et coll., 2002; Sharma & Johri, 2002; Xavier & Germida, 2003; Meghvansi et coll., 2008). Les effets sur la croissance de la plante seraient très variables selon la nature de la relation tripartite existante entre la plante, la souche de BTR et la souche de mycorhize arbusculaire et lâidentité de ces parties prenantes (Barea & Azcon-Aguilar, 1983; Azcón et coll., 1991; Ahmad et coll., 1995). Lâassociation tripartite optimale pour la croissance de la plante serait aussi différente selon les conditions pédologiques et le fait que le sol soit stérilisé ou non (Ames et coll., 1984; Ahmad et coll., 1995). De plus, lâeffet synergique sur la plante de la BTR et de la MA varierait en fonction du stade de développement de la plante (Bethlenfalvay et coll., 1985; Vejsadova et coll., 1992). Il a aussi été montré que lâinoculation avec un symbiote (MA ou BTR) avant l'autre pouvait inhiber la colonisation subséquente par l'autre symbiote (Bethlenfalvay et coll., 1985; Catford et coll., 2003). Cela s'explique par les mécanismes d'autorégulation systémique chez la plante qui régulent l'établissement des symbioses via le relâchement de flavonoïdes, en vu de limiter les coûts en sucres (carbone) qui y sont lié (Vierheilig & Piché, 2002; Catford et coll., 2003). En ce sens, il avait aussi déjà été observé que la double inoculation pourrait augmenter la résistance de la plante aux pathogènes (Rabie, 1998). Cette résistance serait attribuable aux mécanismes de régulation chez la plante colonisée qui empêchent la colonisation subséquente de mycète, que ceux-ci soient symbiotiques ou pathogènes (Vierheilig, 2004).

1.8.3. Synergie entre MA et BTR

Plusieurs auteurs ont noté que la colonisation par des MA favorise la nodulation (nombre et masse des nodules) et la fixation de l'azote chez les plantes légumineuses (Barea & Azcon-Aguilar, 1983; Manjunath et coll., 1984; Khan et coll., 1995; Sharma & Johri, 2002; Weber et coll., 2005; Mortimer et coll., 2008). En effet, la mycorhization augmenterait l'activité de la nitrogénase dans les nodules de la plante (Barea & Azcon-Aguilar, 1983). À l'inverse, certaines études montrent que le relâchement de facteurs Nod par les bactéries de type rhizobium induit le relâchement de flavonoïdes chez la plante qui stimule la colonisation racinaire par les mycorhizes arbusculaires. (Xie et coll., 1995; Xie et coll., 1997).

Plusieurs attribuent l'accroissement de l'efficacité de la fixation de l'azote à l'augmentation de la nutrition de la plante en phosphore et en d'autres nutriments via la colonisation par les MA (Barea & Azcon-Aguilar, 1983;

Vejsadova et coll., 1992; Ahmad et coll., 1995; Khan et coll., 1995; Ibijbijen et coll., 1996; Redecker et coll., 1997). Au niveau de l'établissement de la symbiose tripartite cependant, il apparait qu'elle n'est pas régulée en fonction des nutriments captés par l'un ou l'autre des symbiotes, mais plutôt par le relâchement de flavonoïdes durant le processus de colonisation au travers des mécanismes d'autorégulation chez la plante (Antunes et coll., 2006; Catford et coll., 2006). Il existerait néanmoins des BTR qui ne peuvent causer la nodulation ou avoir d'impact notable sur la plante que si elle est colonisée par des MA (Azcon-Aguilar et coll., 1979; Khan et coll., 1995; Marques et coll., 2001). Cela pourrait s'expliquer en partie par l'effet d'entrainement jusqu'à un certain point qui est créé durant l'établissement de la symbiose. En effet, la colonisation par la MA favorise l'exsudation racinaire, qui relâchent des flavonoïdes, lesquels activent les gènes Nod chez les BTR, qui relâchent alors des facteurs Nod, qui stimulent le relâchement de flavonoïdes par la plante, qui incitent la colonisation racinaire et ainsi de suite (Vierheilig & Piché, 2002).

1.8.4. Le phosphore dans la relation tripartite

Les nodules nécessiteraient une quantité importante de phosphore pour leur développement, élément considéré comme limitant dans la fixation de l'azote atmosphérique par les nodules (Barea & Azcon-Aguilar, 1983; Sa & Israel, 1991; Mortimer et coll., 2009). En ce sens, l'application de phosphore dans un sol pauvre aurait augmenté jusqu'à quatre fois la masse nodulaire sèche (Drevon & Hartwig, 1997; Olivera et coll., 2004). Il est aussi possible la relation positive entre l'application de phosphore et la masse des nodules soit dû à une diminution de la croissance de la plante en carence de phosphore, donc une augmentation de la concentration d'azote dans les tissus et une régulation négative sur la croissance des nodules (Almeida et coll., 2000; Mortimer et coll., 2008). En présence de concentrations limitantes de phosphore, les MA auraient priorité sur les nodules pour accéder au carbone de l'hôte (Mortimer et coll., 2008). Évidemment, ces observations sont faites dans des conditions de faibles concentrations de phosphore et la situation sera certainement moins prononcée ou différente lorsque le phosphore est abondant. La spécificité de chaque relation tripartite porte aussi à croire que la priorisation de la colonisation des MA par rapport à la nodulation n'est pas universelle et variera en fonction de la souche de MA impliquée (Mortimer et coll., 2008).

1.9. Les plantes mycorhiziennes et fixatrices d'azote en tant qu'outils biologiques de restauration écologique

1.9.1. Les mycorhizes arbusculaires

Les perturbations anthropiques, telles que l'activité minière, résultent en une destruction partielle ou totale du réseau mycélien dans le sol dont le rôle dans la colonisation subséquente des plantes est crucial, résultant donc en des taux réduits de colonisation et d'absorption de phosphore et d'autres nutriments (Evans & Miller, 1988, 1990; Jasper et coll., 1989, 1991; Quoreshi, 2008; Smith & Read, 2008). Ces réseaux peuvent autrement survivre à des conditions saisonnières peu propices (températures très chaudes ou très froides par exemple) même si les hôtes végétaux sont morts ou en dormance, en

41

attendant des conditions plus favorables à la croissance des plantes, servant alors d'inoculum mycorhizien dans le sol (Jasper et coll., 1989; Smith & Read, 2008).

Le faible inoculum du sol en MA après ces perturbations anthropiques rend nécessaire de recourir à des biotechnologies des symbiotes racinaires, sous forme d'inoculum, pour réinstaller rapidement ces relations symbiotiques bénéfiques pour la plante, préférablement avec des souches natives (Perry et coll., 1987; Quoreshi, 2008). En effet, il est important que les plants puissent être colonisés rapidement pour pouvoir bien croitre et survivre sur le site perturbé puisque les MA augmentent habituellement la croissance et les taux de survie des plants colonisés (Perry et coll., 1987; Rao &Tak, 2002; Quoreshi 2008). Les plants sont généralement inoculés en pépinière avec des spores ou des racines colonisées mélangées au substrat de croissance (Fortin et coll., 2002; Quoreshi 2008). L'utilisation de ces biotechnologies a d'ailleurs permis la restauration écologique de quelques sites perturbés par des activités anthropiques à maints endroits dans le monde (Quoreshi 2008; Urgiles et coll., 2009). Il s'agit certainement d'un outil pouvant servir l'industrie dans sa volonté de minimiser ses impacts sur la nature (Fraser et coll., 2009).

1.9.2. Les arbres symbiotiques fixateurs d'azote

Les perturbations écologiques pourraient mener à des pertes substantielles d'azote dans les écosystèmes (ter Steege et coll., 1995). Vu la nécessité d'augmenter la quantité d'azote dans le sol dans une perspective de restauration écologique, les arbres fixateurs d'azote peuvent être des outils efficaces pour régénérer les forêts (Franco & de Faria, 1997; Carpenter et coll., 2004). Dans une perspective de restauration écologique, il est possible d'inoculer des graines ou plantules de *Fabaceae* avec des souches de BTR présélectionnées (Dowling & Broughton, 1986). Les inoculums de bactéries fixatrices d'azote sont relativement faciles à produire et techniquement accessibles aux laboratoires des pays moins industrialisés en tant qu'outil de restauration écologique (Somasegaran & Hoben, 1985). Toutefois, dans les sols non stérilisés, il peut être fréquent que des souches inefficaces et natives du sol colonisent aussi la plantule (Dowling & Broughton, 1986). Il est aussi fréquent que des souches exotiques utilisées comme inoculum soient éliminées par compétition par les souches natives du sol à court ou long terme, n'ayant alors que peu d'influence sur la nodulation de la plante (Ellis et coll.,1984; Dowling & Broughton, 1986).

1.10. Objectifs et hypothèses de recherche

L'objectif global de cette recherche est de développer des outils biologiques susceptibles de permettre à la compagnie minière QMM d'accroitre l'efficacité de son programme de restauration écologique sur les sites perturbés par l'exploitation minière près de Fort-Dauphin à Madagascar. L'objectif principal de cette recherche consiste ainsi à déterminer, en pépinière, le symbiote racinaire ou combinaison de symbiotes racinaires qui augmente le plus la croissance des plantes et leur taux de survie. Un objectif secondaire de la recherche est de vérifier si la stérilisation ou la non-stérilisation du sol modifie l'influence de ces symbioses sur le développement de la plante.

Les hypothèses de recherche sont au nombre de deux.

1) La première hypothèse est que la double inoculation (BTR et MA) va engendrer l'effet synergique sur la croissance et les taux de survie des plants comparativement aux autres traitements

2) La seconde hypothèse est que l'inoculation en sol pasteurisé devrait avoir des effets positifs plus importants sur les plants en comparaison aux inoculations en sol non stérilisé

1.11. Références

Abbott LK, Robson AD & De Boer G (1984) The effect of phosphorus on the formation of hyphae in soil by the vesicular-arbuscular mycorrhizal fungus, *Glomus fasciculatum*. *New Phytologist* 97(3): 437-446.

Aguilar S A & Van Diest A (1981) Rock-phosphate mobilization induced by the alkaline uptake pattern of legumes utilizing symbiotically fixed nitrogen. *Plant and Soil* 61: 27-42.

Ahmad MH (1995) Compatibility and coselection of vesicular-arbuscular mycorrhizal fungi and rhizobia for tropical legumes. *Critical Reviews in Biotechnology* 15(3-4): 229-239.

Al-Karaki GN & Clark RB (1998) Growth, mineral acquisition, and water use by mycorrhizal wheat grown under water stress. *Journal of Plant Nutrition* 21(2): 263-276.

Allen ON & Allen EK (1981) The *Leguminosae*, a source book of characteristics, uses, and nodulation. *University of Wisconsin Press/Macmillan Publishing Compagny*, Madison/London. 812pp.

Almeida JPF, Hartwig UA, Frehner M, Nösberger J & Lüscher A (2000) Evidence that P deficiency induces N feedback regulation of symbiotic N2 fixation in white clover (*Trifolium repens L.*). *Journal of Experimental Botany* 51(348): 1289-1297.

Ames RN, Reid CPP & Ingham ER (1984) Rhizosphere bacterial population responses to root colonization by a vesicular-arbuscular mycorrhizal fungus. *New Phytologist 96: 555-563.*

Ames RN, Thiagarajan TR, Ahmad MH & McLaughlin WA (1991) Co-selection of compatible rhizobia and vesicular-arbuscular mycorrhizal fungi for cowpea in sterilized and non-sterilized soils. *Biological Fertility of Soils* 12:112-116.

Antunes PM, Rajcan I & Goss MJ (2006) Specific flavonoids as interconnecting signals in the tripartite symbiosis formed by arbuscular mycorrhizal fungi, *Bradyrhizobium japonicum* (Kirchner) Jordan and soybean (*Glycine max (L.)* Merr.). *Soil Biology & Biochemistry* 38:533ï 543.

Atkins CA (1984) Efficiencies and inefficiencies in the legume/*Rhizobium* symbiosis - A review. *Plant and Soil* 82: 273-284.

Augé RM (2000) Stomatal behavior of arbuscular mycorrhizal plants. pp.201-238. Dans : Kapulnik Y & Douds Jr. DD (2000) Arbuscular mycorrhizas : physiology and function. *Kluwer Acadamic Publishers*. Boston, USA. 372p.

Augé RM (2001) Water relations, drought and vesicular-arbuscular mycorrhizal symbiosis. *Mycorrhiza* 11: 3ï 42.

Azcón R (1987) Germination and hyphal growth of *Glomus mosseae* in vitro : effects of rhizosphere bacteria and cell-free culture media. *Soil Biology and Biochemistry* 19(4): 417-419.

Azcón -Aguilar C, Azcón, R & Barea JM (1979) Endomycorrhizal fungi and *Rhizobium* as biological fertilisers for Medicago *sativa* in normal cultivation. *Nature* 279: 325-327.

Azcón-Aguilar C & Barea JM (1996) Arbuscular mycorrhizas and biological control of soil-borne plant pathogens - an overview of the mechanisms involved. *Mycorrhiza* 6:457-464.

Azcón R, Rubio R & Barea JM (1991) Selective interactions between different Species of mycorrhizal fungi and *Rhizobium meliloti* strains, and their effects on growth, N2-fixation (15N) and nutrition of *Medicago sativa L. New Phytologist* 117(3): 399-404.

Badr El-Din SMS & Moawad H (1988) Enhancement of nitrogen fixation in lentil, faba bean, and soybean by dual inoculation with Rhizobia and mycorrhizae. *Plant and Soil* 108: 117-124.

Bago B, Pfeffer PE, Douds Jr. DD, Brouillette J, Bécard G & Shachar-Hill Y (1999) Carbon metabolism in spores of the arbuscular mycorrhizal fungus *Glomus intraradices* as revealed by nuclear magnetic resonance spectroscopy. *Plant Physiology* 121: 263-271.

45

Bala A & Giller KE (2001) Symbiotic specificity of tropical tree rhizobia for host legume. *New Phytologist* 149(3): 495-507.

Bagyaraj DJ, Manjunath A &, Patil RB (1979) Interaction between a vesicular-arbuscular mycorrhiza and *Rhizobium* and their Effects on Soybean in the Field. *New Phytologist* 82(1): 141-145.

Barea JM & Azcon-Aguilar (1983) Mycorrhizas and their significance in nodulating nitrogen-fixing plants. pp. 1-54 Dans : Advances in agronomy 36 (1992). *Academic Press Inc.* 457p.

Barea JM, Azcon-Aguilar R & Azcon R (1987) Vesicular-Arbuscular Mycorrhiza Improve Both Symbiotic N2 Fixation and N Uptake from Soil as Assessed with a 15N Technique Under Field Conditions. *New Phytologist* 106(4): 717-725.

Barrett CB (1999) Stochastic food prices and slash-and-burn agriculture. *Environment and Development Economics* 4: 161ï176.

Bécard G & Piché Y (1989) New aspects on the acquisition of biotrophic status by a vesicular-arbuscular mycorrhizal fungus, Gigaspora margarita. *New phytologist* 112: 77-83.

Bethlenfalvay GJ (1992) Vesicular-arbuscular Mycorrhizal Fungi in Nitrogen-fixing Legumes : Problems and Prospects. pp.375-390. Dans : Norris JR, Read DJ & Varma AK (1992) Methods in microbiology 24. *Academic Press*. San Diego, USA. 450p.

Bethlenfalvay GJ, Bayne HC & Pacovsky RS (1983). Parasitic and mutualistic associations between a mycorrhizal fungus and soybean: the effect of phosphorus on host plant-endophyte interactions. *Physiologia Plantarum* 57: 543-549.

Bethlenfalvay GJ, Brown MS & Pacovsky RS (1982) Relationships between host and endophyte development in mycorrhizal soybeans. *New phytologist* 90: 537-543.

Bethlenfalvay GJ, Brown MS & Stafford AE (1985) Glycine-Glomus-Rhizobium Symbiosis. II. Antagonistic Effects between Mycorrhizal Colonization and Nodulation. *Plant Physiology* 79 (4): 1054-1058.

Bolan NS (1991) A critical review on the role of mycorrhizal fungi in the uptake of phosphorus by plants. *Plant and Soil* 134: 189-207.

Bollen A & Donati G (2006) Conservation status of the littoral forest of south-eastern Madagascar: a review. *Oryx* 40(1): 57-66.

Bollman MI & Vessey JK (2006) Differential effects of nitrate and ammonium supply on nodule initiation, development and distribution on roots of pea (*Pisum sativum*). *Canadian Journal of Botany* 84: 893-903.

Boogerd FC & Van Rossum D (1997) Nodulation of groundnut by *Bradyrhizobium* : a simple infection process by crack entry. *FEMS Microbiology Reviews* 21: 5-27.

Bowen GD, Skinner MF & Bevege DI (1974) Zinc uptake by mycorrhizal and uninfected roots of *Pinus radiata* and *Araucaria cunninghamii*. *Soil Biology and Biochemistry* 6: 141-144.

Brunel B; Cleyet-Marel JC; Normand P & Bardin R (1988) Stability of *Bradyrhizobium japonicum* Inoculants after Introduction into Soil. *Applied and environmental microbiology* 54(11): 2636-2642.

Burleigh SH, Kristensen BK & Bechmann IE (2003) A plasma membrane zinc transporter from *Medicago truncatula* is up-regulated in roots by Zn fertilization, yet down-regulated by arbuscular mycorrhizal colonization. *Plant Molecular Biology* 52: 1077ï 1088.

Buwalda JG & Goh KM (1982) Host-fungus competition for carbon as a cause of growth depressions in vesicular-arbuscular mycorrhizal ryegrass. *Soil Biology and Biochemistry* 14: 103-106.

Caetano-Anollés G, Lagares A & Favelukes G (1989) Adsorption of Rhizobium meliloti to alfalfa roots: Dependence on divalent cations and pH. Plant and Soil I17: 67-74.

Carpenter FL, Nichols JD, Pratt RT & Young KC (2004) Methods of facilitating reforestation of tropical degraded land with the native timber tree, *Terminalia Amazonia*. *Forest Ecology and Management* 202: 281ï 291.

Catford JG, Staehelin C, Larose G, Piché Y & Vierheilig H (2006) Systemically suppressed isoflavonoids and their stimulating effects on nodulation and mycorrhization in alfalfa split-root systems. *Plant Soil* 285:257ï 266.

Catford JG, Staehelin C, Lerat S, Piché Y & Vierheilig H (2003) Suppression of arbuscular mycorrhizal colonization and nodulation in split-root systems of *alfalfa* after pre-inoculation and treatment with Nod factors. *Journal of Experimental Botany* 54 (386): 1481-1487.

Cavagnaro TR, Smith FA, Ayling SM & Smith SE (2003) Growth and Phosphorus Nutrition of a Paris-Type Arbuscular Mycorrhizal Symbiosis. *New Phytologist* 157(1): 127-134.

Clark RB & Zeto SK (2000) Mineral acquisition by arbuscular mycorrhizal plants. *Journal of Plant Nutrition* 23(7): 867-902.

Consiglio T, Schatz GE, McPherson G, Lowry II PP, Rabenantoandro J, Rogers Z, Rabevohitra R & Rabehevitra D (2006) Deforestation and

Plant Diversity of Madagascarỏ Littoral Forests. *Conservation Biology* 20(6): 1799ï 1803.

Cook J (2005) Outlook for the TiO 2 Feedstock Industry. TiO 2. *Intertech Conference*. Cannes, France.

Cooper KM & Tinker PB (1978) Translocation and transfer of nutrients in vesicular-arbuscular mycorrhizas II. Uptake and translocation of phosphorus, zinc and sulphur. *New Phytologist* 81: 43-52.

Cooper KM & Tinker PB (1981) Translocation and transfer of nutrients in vesicular-arbuscular mycorrhizas IV. Effect of environmental variables on movement of phosphorus *New Phytologist* 88: 327-339.

Cox G & Sanders F (1974) Ultrastructure of the Host-Fungus Interface in a Vesicular-Arbuscular Mycorrhiza. *New Phytologist* 73(5): 901-912.

Dart PJ & Mercer FV (1965) The Influence of Ammonium Nitrate on the Fine Structure of Nodules of *Medicago tribuloides Desr.* and *Trifolium subterraneum L. Archiv fur Mikrobiologie* 51: 233ỏ 257.

Dickson S (2004) The Arum-Paris Continuum of Mycorrhizal Symbioses. *New Phytologist* 163(1): 187-200.

Dowling DN & Broughton WJ (1986) Competition for nodulation of legumes. *Annual Review of Microbiology* 40: 131-57.

Drevon JJ & Hartwig UA (1997) Phosphorus deficiency increases the argon-induced decline of nodule nitrogenase activity in soybean and alfalfa. *Planta* 201: 463-469.

Dumetz N (1999) High plant diversity of lowland rainforest vestiges in eastern Madagascar. *Biodiversity and Conservation* 8: 273-315.

Ellis WR, Ham GE & Schmidt EL (1984) Persistence and recovery of *Rhizobium japonicum* inoculum in a field soil. *Agronomy Journal* 76: 573-576.

Evans DG & Miller MH (1988) Vesicular-Arbuscular Mycorrhizas and the Soil-Disturbance-Induced Reduction of Nutrient Absorption in Maize. I. Causal Relations. *New Phytologist* 110(1): 67-74

Evans DG & Miller MH (1990) The role of the external mycehal network in the effect of soil disturbance upon vesicularỏ arbuscular mycorrhizal colonization of maize. *New Phytologist* 114: 65-71.

Faber, BA; Zasoski RJ, Burau RG & Uriu K (1990) Zinc uptake by corn as affected by vesicular-arbuscular mycorrhizae. *Plant and Soil* 129: 121-130.

de Faria SM, Lewis GP, Sprent JI & Sutherland JM (1989) Occurrence of Nodulation in the *Leguminosae. New Phytologist* 111(4): 607-619.

Fillion M, St-Arnaud M & Fortin JA (1999) Direct interaction between the arbuscular mycorrhizal fungus *Glomus intraradices* and different rhizosphere microorganisms. *New Phytologist* 141: 525-533.

Fortin JA, Bécard G, Declerck S, Dalpé Y, St-Arnaud M, Coughlan AP & Piché Y (2002) Arbuscular mycorrhiza on root-organ cultures. *Canadian journal of botany* 80(1).

Fortin JA, Plenchette C & Piché Y (2008) Les mycorhizes : La nouvelle révolution verte. *MultiMondes*. Québec, Canada. 129p.

Franco AA & de Faria SM (1997) The contribution of N2-fixing tree legumes to land reclamation and sustainability in the tropics. *Soil Biology and Biochemistry* 29 (516): 897-903.

Fraser T, Nayyar A, Ellouze W, Perez J, Hanson K, Germida J, Bouzid Z & Hamel C (2009) Arbuscular mycorrhiza : where nature and industry meet. pp. 71-86 Dans : Khasa D, Piché Y & Coughlan AP (2009) *Advances in Mycorrhizal Science and Technology*. National Research Council of Canada. 197p.

Ganzhorn JU, Lowry II PP, Schatz GE & Sommer S (2001) The biodiversity of Madagascar: one of the world's hottest hotspots on its way out. *Oryx* 35(4).

George E, Haussler KU, Vetterlein D, Gorgus E & Marschne H (1992) Water and nutrient translocation by hyphae of *Glomus mosseae*. Canadian *Journal of Botany* 70: 2130-2137.

Giovannetti M, Avio L, Sbrana C & Citernesi AS (1993) Factors Affecting Appressorium Development in the Vesicular-Arbuscular Mycorrhizal Fungus *Glomus mosseae*. *New Phytologist* 123(1): 115-122.

Giovannetti M & Sbrana C (1998) Meeting a non-host: the behaviour of AM fungi. *Mycorrhiza* 8: 123-130.

Goodman SM & Benstead JP (2003) The Natural History of Madagascar. *The University of Chicago Press*. Chicago, USA. 1707p.

Graham JH, Linderman RG & Menge JA (1982) Development of external hyphae by different isolates of mycorrhizal *Glomus spp.* in relation to root colonization and growth of Troyer citrange. *New Phytologist* 91: 183-189.

Graham PH, Draeger KJ, Ferrey ML, Conroy MJ, Hammer BE, Martinez E, Aarons SR & Quinto C (1994) Acid pH tolerance in strains of *Rhizohium* and B*radyrhizobium*, and initial studies on the basis for acid tolerance of *Rhyzobium Topici* UMR1899. Canadian Journal of Microbiology 40: 198-207.

Harper GJ, Steininger MK, Tucker CJ, Juhn D & Hawkins F (2007) Fifty years of deforestation and forest fragmentation in Madagascar. *Environmental Conservation* 34 (4): 325ï 333.

Harris D, Pacovsky RS & Paul EA (1985) Carbon economy of Soybean-*Rhizobium-Glomus* associations. *New Phytologist* 101(3): 427-440.

Harrison MJ (1997) The arbuscular mycorrhizal symbiosis: an underground association. *Trends in plant science ï reviews* 2(2).

Hartwig UA (1998) The regulation of symbiotic N 2 fixation: a conceptual model of N feedback from the ecosystem to the gene expression level. *Perspectives in Plant Ecology,Evolution and Systematics* 1(1): 92-120.

Hayman DS (1974) Plant Growth Responses to Vesicular-Arbuscular Mycorrhiza. VI. Effect of Light and Temperature. *New Phytologist* 73(1): 71-80.

Heggo A & Angle JS (1990) Effects of vesicular-arbuscular mycorrhizal fungi on heavy metal by soybeans. *Soil Biology and Biochemistry* 22(6): 865-869.

Hirsch AM, Lum MR & Downie JA (2001) What makes the rhizobia-legume symbiosis so special? *Plant Physiology* 127: 1484ï 1492.

Hungria M & Vargas MAT (2000) Environmental factors affecting N 2 fixation in grain legumes in the tropics, with an emphasis on Brazil. *Field Crops Research* 65: 151-164.

Ibijbijen J, Urquiaga S, Ismailp M, Alves BJR & Boddey RM (1996) Effect of arbuscular mycorrhizal fungi on growth, mineral nutrition and nitrogen fixation of three varieties of common beans (*Phaseolus vulgaris*). *New Phytologist* 134: 353-360.

Israel DW (1987) Investigation of the role of phosphorus in symbiotic dinitrogen fixation. *Plant Physiology* 84: 835-840.

IUCM-ICMM (2003) Mining and biodiversity:towards best practice. Résumé des discussions de lâtelier Mining, Protected Areas and Biodiversity Conservation: *Searching and Pursuing Best Practice and Reporting in the Mining Industry*. Gland, Suisse. 22p. [EN LIGNE] http://liveassets.iucn.getunik.net/downloads/doc1.pdf

Jasper DA, Abbott LK & Robson AD (1989) Soil disturbance reduces the infectivity of external hyphae of vesicularð arbuscular mycorrhizal fungi. *New phytologist* 112: 93-99.

Jasper DA, Abbott LK & Robson AD (1991) The effect of soil disturbance on vesicular-arbuscular mycorrhizal fungi in soils from different vegetation types. *New phytologist* 118: 471-476.

Jasper DA, Robson, AD & Abbott LK (1979) Phosphorus and the formation of vesicular-arbuscular mycorrhizas. *Soil Biology and Biochemistry* 11: 501-505.

Jordan DC (1982) Transfer of Rhizobium japonicum Buchanan 1980 to *Bradyrhizobium gen. nov.*, a genus of slow-growing, root nodule bacteria from leguminous plants. *International journal of systemic bacteriology* 32(1): 136-139.

Juge C, Coughlan AP, Fortin JA & Piché Y (2000) Growth and branching of asymbiotic, presymbiotic, and extraradical AM fungal hyphae: clarification of concepts and terminology. Dans : Khasa D, Piché Y & Coughlan AP (2009) Advances *in Mycorrhizal Science and Technology.* National Research Council of Canada. Ottawa, Canada. 197p.

Kinkema M, Scott PT & Gresshoff PM (2006) Legume nodulation: successful symbiosis through short- and long-distance signalling. *Functional Plant Biology* 33: 707-721

Kawai Y & Yamamoto Y (1986) Increase in the Formation and Nitrogen Fixation of Soybean Nodules by Vesicular-Arbuscular Mycorrhiza. *Plant Cellular Physiology* 27(3): 399-4.

Khan MK, Sakamoto K & Yoshida T (1995) Dual inoculation of Peanut with *Glomus sp.* And *Bradyrhizobium sp.* Enhanced the symbiotic nitrogen fixation as assessed by 15N-technique. *Soil Sciences of Plant Nutritions* 41(4): 769-779.

Koide RT & Mosse B (2004) A history of research on arbuscular mycorrhiza. *Mycorrhiza* 14: 145ï 163.

Kothari SK, Marschner H & George E (1990) Effect of VA mycorrhizal fungi and rhizosphere microorganisms on root and shoot morphology, growth and water relations in maize. *New Phytologist* 116: 303-311.

Kouas S, Labidi N, Debez A & Abdelly C (2005) Effect of P on nodule formation and N fixation in bean. *Agronomy and Sustainable Development* 25: 389ï 393.

Lambert DH, Baker DE & Cole Jr. H (1979) The rrole of mycorrhizae in the interactions of phosphorus with zinc, copper, and other Elements. *Soil Science Society of America* 43: 976-680.

Leung K & Bottomley PJ (1987) Influence of phosphate on the growth and nodulation characteristics of *Rhizobium trifolii. Applied and Environmental Microbiology* 53(9): 2098-2105.

Li X & Christie P (2001) Changes in soil solution Zn and pH and uptake of Zn by arbuscular mycorrhizal red clover in Zn-contaminated soil. *Chemosphere* 42: 201-207.

Li XL, Marschner H & George E (1991) Acquisition of phosphorus and copper by VA-mycorrhizal hyphae and root-to-shoot transport in white clover. *Plant and Soil* 136: 49-57.

Linderman RG (2000) Effects of Mycorrhizas on Plant Tolerance to Diseases. pp. 345-366. Dans : Kapulnik Y & Douds Jr. DD (2000) Arbuscular Mycorrhizas : *Physiology and Function*. Kluwer Acadamic Publishers. Boston, USA. 372p.

Lioussanne L, Beauregard M.S., Hamel C, Jolicoeur M & St-Arnaud M (2009) Interactions between arbuscular mycorrhizal fungi and soil microorganisms. pp. 51-69 Dans : Khasa D, Piché Y & Coughlan AP (2009) *Advances in Mycorrhizal Science and Technology*. National Research Council of Canada. Ottawa, Canada. 197p.

Littlewood G (2000) The global mining initiative. *Address to Mining 2000*. Melbourne, Australia. [En ligne] www.icmm.com/document/104

Malik NSA, Calvert HE & Bauer WD (1987) Nitrate induced regulation of nodule formation in soybean. *Plant Physiology* 84: 266-271.

Manjunath A, Bagyaraj DJ & Gopala Gowda S (1984) Dual inoculation with VA mycorrhiza and *Rhizobium* is beneficial to *Leucaena*. *Plant and Soil* 78: 445-448.

Manjunath A & Habte M (1988) Development of vesicular-arbuscular mycorrhizal infection and the uptake of immobile nutrients in *Leucaena leucocephala*. *Plant and Soil* 106: 97-103.

Marques MS, Pagano M & Scotti MR (2001) Dual inoculation of a woody legume (*Centrolobium tomentosum*) with rhizobia and mycorrhizal fungi in south-eastern Brazil. *Agroforestry Systems* 52: 107-117.

Marschner H & Dell B (1994) Nutrient uptake in mycorrhizal symbiosis. *Plant and Soil* 159: 89-102.

MEF (Ministère de l'Environnement et des Forêts de Madagascar) (2009a) Biodiversité de Madagascar. [EN LIGNE] http://www.meeft.gov.mg/

MEF (Ministère de l'Environnement et des Forêts de Madagascar) (2009b) Déforestation. [EN LIGNE] http://www.meeft.gov.mg/

Meghvansi MK, Prasad K, Harwani D & Mahna SK (2008) Response of soybean cultivars toward inoculation with three arbuscular mycorrhizal fungi and *Bradyrhizobium japonicum* in the alluvial soil. *European Journal of soil biology* 44 : 316-323.

Meyer JL & Linderman RG (1986) Selective influence on populations of rhizosphere or rhizoplane bacteria and actinomycetes by mycorrhizas formed by *Glomus fasciculatum. Soil Biology and Biochemistry* 18 (2): 191-196.

Miller RM & Jastrow D (1990) Hierarchy of root and mycorrhizal fungal interactions with soil aggregation. *Soil Biology and Biochemistry* 22(5): 579-584.

de Miranda JCC & Harris RJ (1994) The effect of soil phosphorus on the external mycelium growth of arbuscular mycorrhizal fungi during the early stages of mycorrhiza formation. *Plant and Soil* 166: 271-280.

Mittermeier RA, Mittermeier CG. (1997) Madagascar Dans: Mittermeier RA, Gil PR, Mittermeier CG, (1997) Megadiversity. *Earthô biologically wealthiest nations.* Monterrey, Mexico: CEMEX, 209ï 223.

Mortimer PE, Pérez-Fernandez MA & Valentine AJ (2008) The role of arbuscular mycorrhizal colonization in the carbon and nutrient economy of the tripartite symbiosis with nodulated Phaseolus vulgaris. *Soil Biology & Biochemistry* 40: 1019ï 1027.

Mortimer PE, Pérez-Fernandez MA & Valentine AJ (2009) Arbuscular mycorrhizae affect the N and C economy of nodulated *Phaseolus vulgaris (L.)* during NH4+ nutrition. *Soil Biology & Biochemistry* 41: 2115ï 2121.

Mosse B (1957) Growth and Chemical Composition of Mycorrhizal ans Non-mycorrhizal Apples. *Nature* 179: 922-924.

Myers N, Mittermeier RA, Mittermeier CG, da Fonseca GAB & Kent J (2000) Biodiversity hotspots for conservation priorities. Nature 403(24): 853-859.

Odee DW, Haukka K, McInroy SG, Sprent JI, Sutherland JM & Young JPW (2002) Genetic and symbiotic characterization of rhizobia isolated from tree and herbaceous legumes grown in soils from ecologically diverse sites in Kenya. *Soil Biology and Biochemistry* 34: 801-811.

Olivera M, Tejera N, Iribarne C, Ocaña A & Lluch C (2004) Growth, nitrogen fixation and ammonium assimilation in common bean (*Phaseolus vulgaris*): effect of phosphorus. *Physiologia plantarum* 121: 498-505.

Pacovsky RS, Fuller G & Stafford AE (1986) Nutrient and gzowth interactions in soybeans colonized with *GIomus fasciculatum* and *Rhizobium Japonicum*. *Plant and Soil* 92: 37-45.

Peng S, Eissenstat DM, Graham JH, Williams K & Hodge NC (1993) Growth depression in mycorrhizal citrus at high-phosphorus supply. *Plant Physiology* 101: 1063-1071.

Perry DA, Molina R & Amaranthus MP (1987) Mycorrhizae, mycorrhizospheres and reforestation : current knowledge and research needs. *Canadian Journal of Forest Restoration* 17: 929-940.

Peterson RL & Bonfante P (1994) Comparative structure of vesicular-arbuscular mycorrhizas and ectomycorrhizas. *Plant and Soil* 159: 79-88.

Podila GK & Douds DD (2000) Current Advances in Mycorrhizae Research. *APS Press*. St-Paul, USA. 193p.

Pons TL, Perreijn K, van Kessel, C & Werger MJA (2007) Symbiotic nitrogen fixation in a tropical rainforest: N natural abundance measurements supported by experimental isotopic enrichment. *New Phytologist* 173: 154ï 167.

Qiao Y, Tang C, Han X & Miao S (2007) Phosphorus Deficiency Delays the Onset of Nodule Function in Soybean. *Journal of Plant Nutrition* 30(9): 1341-1353.

QIT Madagascar Minerals S.A. (QMM) (2001a) Projet Ilménite ï Étude dâmpact social et environnemental, vol. I. *Rapport déposé auprès de lâOffice National pour lâEnvironnement de Madagascar.*

QMM (2001b) A Biodiversity Plan for Conservation and Management of the Littoral Forest in Southeastern Madagascar. *Document déposé à lâOffice National pour l'Environnement de Madagascar.*

QMM (2001c) Projet Ilménite ï Étude dâmpact social et environnemental, vol. II. *Rapport déposé auprès de lâOffice National pour lâEnvironnement de Madagascar.*

QMM (2001d) Projet ilménite - Étude dâmpact social et environnemental : Revue des activités de réhabilitation actuelles et futures de QMM. *Rapport déposé auprès de lâOffice National pour lâEnvironnement de Madagascar*

QMM (2007) Environment-biodiversity. *Fact sheet.*

Quoreshi A (2008) The Use of Mycorrhizal Biotechnology in Restoration of Disturbed Ecosystem pp. 303-320. Dans: Siddiqui, ZA; Akhtar, MS; Futai K (2008) Mycorrhizae : Sustainable agriculture and forestry. *Springer*. Ottawa, Canada. 362p.

Rabenantoandro J, Randriatafika F & Lowey II PP (2007) Caractéristiques floristiques et structurales des sites de forêts littorals résiduelles dans la region de Tolagnaro Dans Ganzhorn JU, Goodman SM & Vincelette M (2007) Biodiversity, Ecology and Conservation of Littoral Ecosystems in Southeastern Madagascar, Tolagnaro (Fort-Dauphin). *SI/MAB Series Editor*. Washigton DC, USA. 410p.

Rabie GH (1998) Induction of fungal disease resistance in *Vicia faba* by dual inoculation with *Rhizobium leguminosarum* and vesicular-arbuscular mycorrhizal fungi. *Mycopathologia* 141: 159-166.

Randriatafika F, Rabenantoandro J & Rajoharison RA (2007) Analyse de la germination des semences des espèces autochtones de la forêt littorale du sud-est de Madagascar Dans : Ganzhorn JU, Goodman SM & Vincelette M (2007) Biodiversity, Ecology and Conservation of Littoral Ecosystems in Southeastern Madagascar, Tolagnaro (Fort-Dauphin*). SI/MAB Series Editor*. Washigton DC, USA. 410p.

Rao AV & Tak R (2002) Growth of different tree species and their nutrient uptake in limestone mine spoil as influenced by arbuscular mycorrhizal (AM)-fungi in Indian arid zone. *Journal of Arid Environments* 51: 113ï 119.

Rarivoson C & Mara R (2007) La pépinière de Mandena, un exemple pour la production de plantes adaptées à la rehabilitation après exploitation minière Dans : Ganzhorn JU, Goodman SM & Vincelette M (2007) Biodiversity, Ecology and Conservation of Littoral Ecosystems in Southeastern Madagascar, Tolagnaro (Fort-Dauphin). *SI/MAB Series Editor*. Washigton DC, USA. 410p.

Rasolofoharivelo MT (2007) Exploitation des resources forestières à Mandena en 2000 Dans : Ganzhorn JU, Goodman SM & Vincelette M (2007) Biodiversity, Ecology and Conservation of Littoral Ecosystems in Southeastern Madagascar, Tolagnaro (Fort-Dauphin). *SI/MAB Series Editor*. Washigton DC, USA. 410p.

Redecker D, von Berswordt-Wallrabe P, Beck DP & Werner D (1997) Influence of inoculation with arbuscular mycorrhizal fungi on stable isotopes of nitrogen in *Phaseolus vulgaris. Biological Fertility of Soils* 24: 344-346.

Revéret JP (2006) Investissement minier et développement. L'exploitation de l'ilménite dans la région de tolagnaro (fort-dauphin). *Études rurales* 02(178) : 213-228.

Rio Tinto (2008) Biodiversity offset design. 9p. [EN LIGNE] http://www.riotinto.com/documents/ReportsPublications/33993_RT_Bio _offsets.pdf

Rio Tinto (2009) A promise fulfilled. Review. 11p. [ONLINE] http://www.riotinto.com/documents/Library/Review89_March09_A_pro mise_fulfilled.pdf

Rosewarne GM, Barker SJ & Smith SE (1997) Production of near-synchronous fungal colonization in tomato for developmental and molecular analyses of mycorrhiza. *Mycological research* 101 (8): 966-970.

Ruiz-Lozano JM (2003) Arbuscular mycorrhizal symbiosis and alleviation of osmotic stress. New perspectives for molecular studies. *Mycorrhiza* 13:309ï317.

Sa TM & Israel DW (1991) Energy status and functioning of phosphorus-deficient soybean nodules. *Plant Physiology* 97: 928-935.

Sadowsky MJ (2005) Chapitre 6 - Soil stress factors influencing symbiotic nitrogen fixation. pp.113-141 Dans: Werner D & W. E. Newton (2005) Nitrogen Fixation in Agriculture, Forestry, Ecology, and the Environment. *Springer*. Dordrecht, Netherlands. 347p.

Sanders FE, Tinker PB, Black RLB & Palmerley SM (1977) The development of endomycorrhizal root systems : I. Spread of infection and growth-promoting effects with four species of vesicular-arbuscular endophyte. *New phytologist* 78: 257-268.

Santiago GM; Garcia Q & Scotti MR (2002) Effect of post-planting inoculation with *Bradyrhizobium sp* and mycorrhizal fungi on the growth of Brazilian rosewood, *Dalbergia nigra Allem.ex Benth.*, in two tropical soils. *New Forests* 24: 15ï25.

Sarasin G (2009, en préparation) Évaluation de la filière maraichère de QMM. *Présenté au département de Développement durable intégré, QMM.* Fort-Dauphin, Madagascar.

Sarrasin B (2006) Économie politique du développement minier à Madagascar : lânalyse du projet QMM à Tolagnaro (Fort-Dauphin). *VertigO ï La revue en sciences de l'environnement* 7(2).

Sarrasin B (2007) Géopolitique du tourisme à Madagascar : de la protection de l'environnement au développement de l'économie. *Hérodote* 4(127) : 124-150.

Saxena AK & Rewari RB (1991) Influence of phosphate and zinc on growth, nodulation and mineral composition of chickpea (*Cicerarietinum L.*) under salt stress. *World Journal of Microbiology and Biotechnology* 7: 202-205.

Saxena AK, Shende R & Tilak KVBR (2002) Interaction of arbuscular mycorrhiza with nitrogen-fixing bacteria. pp.47-68 Dans : Sharma AK & Johri BN (2002) Arbuscular mycorrhizae. interactions in plants, rhizosphere and soils. *Science Publishers Inc.* Enfield, N-H, USA 311p.

Schultze M & Kondorosi A (1998) Regulation of symbiotic root nodule development. *Annual Reviews of Genetetics* 32: 33-57.

Sharma AK & Johri BN (2002) Arbuscular-mycorrhiza and plant disease. pp.69-96. Dans : Sharma AK & Johri BN (2002) Arbuscular mycorrhizae. interactions in plants, rhizosphere and soils. *Science Publishers Inc.* Enfield, N-H, USA 311p.

Simon L, Bousquet J, Lévesque RC & Lalonde M (1993) Origin and diversification of endomycorrhizal fungi and coincidence with vascular land plants. *Nature* 363: 67-69.

Singleton W & Stockinger KR (1983) Compensation Against Ineffective Nodulation in Soybean. *Crop Science* 23: 69-72.

Smith SE (1980) Mycorrhizas of autotrophic higher plants. *Biological reviews* 55: 475-510.

Smith SE & Gianinazzi-Pearson V (1999) Phosphate uptake and arbuscular activity in mycorrhizal *Alliurn cepa L.*: effects of photon irradiance and phosphate nutrition. *Australian Journal of Plant Physiology* 17: 177-88.

Smith SE & Read DJ (2008) Mycorrhizal Symbiosis, Third Edition. *Academic Press, Inc.* Boston, USA. 787p.

Smith SE, Smith A & Jakobsen I (2004) Functional diversity in arbuscular Mycorrhizal (AM) symbioses: the contribution of the mycorrhizal P uptake pathway is not correlated with mycorrhizal responses in growth or total P uptake. *New Phytologist* 162(2): 511-524.

Smith SE, Walker NA & Tester M (1986) The apparent width of the rhizosphere of *Trifolium subterraneum L.* for vesicular-arbuscular mycorrhizal infection: Effects of time and other factors. *New Phytologist* 104(4): 547-558.

Somasegaran P & Hoben HJ (1985) Methods in legume-rhizobium technology. *University of Hawaii NifTAL Project and MIRCEN.* Hawaii, USA. 93pp.

de Souza Moreira FM, Da Silva MF & De Faria SM (1992) Occurrence of nodulation in legume species in the Amazon region of Brazil. *New Phytologist* 121: 563-570.

Sprent JI (1999) Nitrogen fixation and growth of non-crop legume species in diverse environments. *Perspectives in Plant Ecology, Evolution and Systematics* 2(2): 149-162.

Sprent JI & Parsons R (2000) Nitrogen fixation in legume and non-legume trees. *Field Crops Research* 65: 183-196.

Sprent JI (2005) Chapter 7 ï Nodulated legume trees pp.113-141. Dans : Werner D & W. E. Newton (2005) Nitrogen Fixation in Agriculture, Forestry, Ecology, and the Environment. *Springer.* Dordrecht, Netherlands. 347p.

ter Steege H, Boot R, Brouwer L, Hammond D, van der Hout P, Jetten V, Khan Z, Polak AM, Raaimakers D & Zagt R (1995) Basic and applied research for sound rain forest management in Guyana. *Ecological Applications* 5(4): 904-910.

Stribley DP, Tinker PB & Rayner JH (1980) Relation of internal phosphorus concentration and plant weight in plants infected by vesicular-arbuscular mycorrhizas. *New Phytologist* 86: 261-266.

Subramanian KS, Charest C, Dwyer LM & Hamilton RI (1997) Effects of arbuscular mycorrhizae on leaf water potential, sugar content, and P content during drought and recovery of maize. *Canadian Journal of Botany* 75: 1582-1591.

Sweeting AR & Clark AP (2000) Lightening the lode : A guide to responsible large-scale mining. *Conservation International.* Washington DC, USA. 111p. [En ligne] http://www.conservation.org/sites/celb/Documents/lode.pdf

Tang C, Hinsinger P, Drevon JJ & Jaillard B (2001) Phosphorus deficiency impairs early nodule functioning and enhances proton release in roots of *Medicago truncatula L. Annals of Botany* 88: 131-138.

Thompson JP (1990) Soil sterilization methods to show VA-mycorrhizae aid P and Zn nutrition of wheat in vertisols. *Soil Biology and Biochemistry* 22(2): 229-240.

Trinick MJ (1980) Relationships amongst the fast-growing rhizobia of *Lablab purpureus, Leucaena leucocephala, Mimosa spp., Acacia*

farnesiana and Sesbania *grandiflora* and their affinities with other rhizobial Groups. *Journal of Applied Bacteriology* 49: 39-53.

Thohy JM, Prior AB & Stewart GR (1991) Photosynthesis in relation to leaf nitrogen and phosphorus content in Zimbabwean trees. *Oecologia* 88: 378-382.

Turk D & Keyser HH (1992) Rhizobia that nodulate tree legumes: specificity of the host for nodulation and effectiveness. *Canadian Journal of Microbiology* 38: 451-460.

Urgiles N, Lojan P, Aguirre N, Blaschke H, Günter S, Stimm B & Kottke I (2009) Application of mycorrhizal roots improves growth of tropical tree seedlings in the nursery: a step towards reforestation with native species in the Andes of Ecuador. *New Forests* 38: 229-239.

Vadez V, Lasso JH, Beck DP & Drevon JJ (1999) Variability of N 2 - fixation in common bean (*Phaseolus vulgaris L.*) under P deficiency is related to P use efficiency. *Euphytica* 106: 231-242.

Vargas AAT & Graham PH (1988) *Phaseolus vulgaris* cultivar and *Rhizobium* strain variation in acid-pH tolerance and nodulation under acid conditions. *Field Crops Research* 19: 91-101.

Vejsadova H, Siblikova D, Hrselova H & Vanoura V (1992) Effect of the VAM fungus *Glomus sp.* on the growth and yield of soybean inoculated with *Bradyrhizobium japonicum. Plant and Soil* 140: 121-125.

Vierheilig H (2004) Further root colonization by arbuscular mycorrhizal fungi in already mycorrhizal plants is suppressed after a critical level of root colonization. *Journal of Plant Physiology* 161:339ï 341.

Vierheilig H, Piché Y (2002) Signalling in arbuscular mycorrhiza:facts and hypotheses. In: Buslig B & Manthey J. Flavonoids in cell functions. *Kluwer Academic/Plenum Publishers*. New York, USA. 23-39.

Vincelette M, Dumouchel J, Giroux J & Heriarivo R (2007a) Brève revue de la géologie, de lâhydrologie et de la climatologie de la region de Tolagnaro (Fort-Dauphin) Dans : Ganzhorn JU, Goodman SM & Vincelette M (2007) Biodiversity, Ecology and Conservation of Littoral Ecosystems in Southeastern Madagascar, Tolagnaro (Fort-Dauphin). *SI/MAB Series Editor*. Washigton DC, USA. 410p.

Vincelette M, Theberge M & Randrihasipara L (2007b) Évaluation de la couverture forestière aux niveaux régional et local dans la région de Tolagnaro depuis 1950 Dans : Ganzhorn JU, Goodman SM & Vincelette M (2007) Biodiversity, Ecology and Conservation of Littoral Ecosystems in Southeastern Madagascar, Tolagnaro (Fort-Dauphin). *SI/MAB Series Editor*. Washigton DC, USA. 410p.

Wang B, Qiu YL (2006) Phylogenetic distribution and evolution of mycorrhizas in land plants. *Mycorrhiza* 16: 299ï 363.

Weber J, Ducousso M, Tham FY, Nourissier-Mountou S, Galiana A, Prin Y & Lee SK (2005) Co-inoculation of Acacia mangium with *Glomus intraradices* and *Bradyrhizobium sp.* in aeroponic culture. *Biological Fertility of Soils* 41: 233-239.

Xavier LJC & Germida JJ (2003) Selective interactions between arbuscular mycorrhizal fungi and *Rhizobium leguminosarum bv. viceae* enhance pea yield and nutrition. *Biological Fertility of Soils* 37: 261ï 267.

Xie ZP, Müller J, Wiemken A, Broughton WJ & Boller T (1997) Nod factors and tri-iodobenzoic acid stimulate mycorrhizal colonization and affect carbohydrate partitioning in mycorrhizal roots of *Lablab purpureus*. *New Phytologist* 139:361-366.

Xie ZP, Staehelin C, Vierheilig H, Wiemken A, Jabbouri S, Broughton WJ, Vogeli-Lange R & Boller T (1995) Rhizobial nodulation factors stimulate mycorrhizal colonization of nodulating and nonnodulating soybeans. *Plant physiology* 108:1519-1525.

Zaidi A & Khan MS (2006) Co-inoculation effects of phosphate solubilizing microorganisms and *Glomus fasciculatum* on green gram-*Bradyrhizobium* Symbiosis. *Turk Journal of Agriculture* 30: 223-230.

Zeller M, Lapenu C, Minten B, Ralison E, Randrianaivo D & Randrianarisoa C (2000) Pathways of rural development in Madagascar : an empirical investigation of the critical triangle of environmental sustainability, economic growth and poverty alleviation. *Food Consumption and Nutrition Division discussion paper* (82).

Zhu YG, Christie P & Laidlaw AS (2001) Uptake of Zn by arbuscular mycorrhizal white clover from Zn-contaminated soil. *Chemosphere* 42: 193-199.

Chapitre 2 Conclusion générale et recommandations de l'étude

4.1. Rappel de la méthodologie adoptée

4.1.1. En pépinière de QMM à Fort-Dauphin

Trois symbiotes ont été testés en pépinière sur *Mimosa latispinosa*, soit *Glomus irregulare* qui forme une mycorhize arbusculaire, et les souches STM1415 et STM1447 du genre *Bradyrhizobium*, qui forme des nodules fixateurs d'azote atmosphérique. Ces symbiotes ont été répartis en cinq traitements et un témoin, soit 1) *Glomus irregulare* inoculé seul; 2) *Bradyrhizobium* STM1415 inoculé seul; 3) *Bradyrhizobium* STM1447 inoculé seul; 4) inoculation double *G. irregulare* et STM1415 et 5) inoculation double *G. irregulare* STM1447. Les traitements ont été testés à la fois dans un sol stérilisé et dans un sol non stérilisé.

4.1.2. En serre de CNRE à Antananarivo

Trois symbiotes ont aussi été testés en serre et ne sont pas exactement les mêmes que ceux testés en pépinière. Ces trois symbiotes sont *Glomus irregulare* (un inoculum différent de celui utilisé en pépinière) ainsi que les souches de *Bradyrhizobium spp*. STM1413 et STM1447. Ces symbiotes ont été répartis en quatre traitements et un témoin : 1) *Glomus irregulare* inoculé seul; 2)inoculation double *G.irregulare* et STM1413; 3)inoculation double *G.irregulare* et STM1415 et 4)inoculation triple *G.irregulare*, STM1413 et STM1415. Le substrat a été stérilisé pour l'ensemble de cette expérience.

4.2. Vérification des hypothèses de recherche

Les symbiotes racinaires testés sur *Mimosa latispinosa* n'ont pas engendré de différences statistiquement significatives au niveau de la croissance en pépinière, mais des effets positifs significatifs ont été observés en serre. Ainsi, certaines tendances ont pu y être dégagées sur l'influence des symbiotes racinaires sur la croissance de la plante.

Les deux principales hypothèses étaient que :

1) les plants inoculés ont un taux de croissance meilleur aux témoins et que l'inoculation double allait engendrer le meilleur gain de croissance pour *M. latispinosa* par rapport à l'inoculation simple

2) les plants en sol stérilisé allaient avoir une meilleure croissance que ceux en sol non stérilisé.

4.2.1. Vérification de l'hypothèse 1

La première hypothèse n'a pas été confirmée en pépinière puisque les différences n'ont pas pu être statistiquement significatives. Les souches natives se sont montrées aussi «infectives» que la souche inoculée. En effet, *G. irregulare* inoculé en sol pasteurisé avait des taux de colonisation similaires aux souches non inoculées en sol non pasteurisé. Cela montre qu'il existe un important inoculum naturel de mycorhize arbusculaire dans le sol de surface et que la méthode et le temps d'entreposage de ce dernier a permis leur survie.

En serre toutefois, la première hypothèse a pu être confirmée puisque l'inoculation double (et triple) favorise une croissance significativement plus importante que *Glomus irregulare* inoculé seul. En effet, l'inoculation double

G. irregulare-STM1413, *G. irregulare*-STM1415 et l'inoculation triple *G. irregulare*-STM1413-STM1415 a engendré une augmentation de la croissance respectivement de 63% (0,25g), 101% (0,40g) et de 57% (0,23g) par rapport à *G.irregulare* inoculé seul. Cela est corroboré par de nombreuses autres études qui attribuent cet effet à une meilleure nutrition simultanée en azote et en phosphore (Barea & Azcon-Aguilar, 1983; Manjunath et al, 1984; Pacovsky et coll., 1986; Sharma & Johri, 2002; Mortimer et coll., 2008). Il importe de noter aussi que la triple inoculation a diminué la colonisation racinaire de *G. irregulare* à un niveau similaire aux témoins, ce qui laisse sous-entendre que le gain de croissance observé dans l'inoculation triple par rapport à l'inoculation simple est surtout attribuable aux bactéries fixatrices d'azote *Bradyrhizobium spp*. Cette diminution de la colonisation observée est attribuable aux mécanismes d'autorégulation chez la plante soulignée par certains auteurs (Vierheilig & Piché, 2002; Antunes et coll., 2006; Catford et coll., 2006).Il faut toutefois rappeler qu'un sol différent a été utilisé en pépinière et que par conséquent, les résultats obtenus en serre sont difficilement transposables en pépinière, la relation symbiotique optimale pour la croissance de la plante peut être différente selon les conditions pédologiques (Ames et coll., 1984; Ahmad et coll., 1995).

4.2.2. Vérification de l'hypothèse 2

La seconde hypothèse par contre n'a pu être vérifiée, qu'en pépinière comme seul un substrat stérilisé a été utilisé en serre. Elle a néanmoins été confirmée en pépinière puisque les plants en sol stérilisé ont connu un gain de croissance significativement supérieur à ceux en sol non stérilisé, tous traitements confondus. Effectivement les plants en sol stérilisé ont une hauteur et une biomasse sèche significativement supérieures de 44% (3,1cm) et de 100% (0,6g), respectivement. Cette tendance était prévisible du fait que la stérilisation telle qu'effectuée a dû tuer les parasites et autres organismes nuisibles à la croissance de la plante (Trevors, 1996, Brito et al, 2009). Les plants non inoculés avec *Glomus irregulare* en sol stérilisé étaient aussi fortement colonisés lors de l'échantillonnage vingt semaines après l'inoculation. Ceci indique probablement que les souches locales auraient tendance à recoloniser le sol stérilisé au fil du temps et par conséquent, seraient susceptibles d'exclure les souches introduites qui ne sont pas compatibles avec les souches locales.

4.3. Perspectives de recherches

Dans une optique de poursuite des recherches et d'approfondissement de la compréhension des relations symbiotiques optimales à la restauration, certaines pistes méritent d'être explorées. Il est possible que des effets plus bénéfiques puissent résulter de l'inoculation avec des souches locales de mycorhizes arbusculaires, plutôt qu'une souche exotique comme ce fut le cas dans la présente étude. En effet, il a déjà été observé que pour une même espèce de mycorhize, une souche isolée à partir d'un milieu tempéré ne donnait pas d'effets significatifs sur la croissance d'une plante tropicale alors qu'une souche symbiotique tropicale (de la même espèce) l'augmentait significativement (Michelsen, 1993; Klironomos, 2003). De plus, il existe toujours certains dangers inhérents à introduire à grande échelle une espèce exotique. Il a déjà été rapporté que l'inoculation d'une souche de mycorhize

65

arbusculaire exotique a eu l'effet néfaste indirect de favoriser une espèce végétale envahissante (Marler et al, 1999). Il convient toutefois de souligner que la souche commerciale de *Glomus irregulare* (DAOM181602) a une grande valence écologique et a été testé dans plusieurs milieux de l'hémisphère Nord et Sud.

Ainsi, en vue de pouvoir sélectionner des souches de mycorhizes arbusculaires locales et efficaces pour la restauration, trois étapes doivent être réalisées. Il faudrait en premier lieu approfondir les recherches sur l'identification des souches de mycorhizes arbusculaires natives du sol colonisant naturellement *M. latispinosa*. Les outils moléculaires d'identification disponibles actuellement devraient être utilisés à cette fin (Redecker et coll., 2003). En second lieu, il faudrait procéder à l'isolement de ces souches natives du sol préalablement identifiées (Brundret et al, 1996). Finalement, il serait possible d'utiliser et de tester en pépinière les souches isolées, comme inoculum, en utilisant des racines de carotte ou d'oignons colonisées, en comparaison avec l'inoculum commercial de la souche de *Glomus irregulare* (DAOM181602). Une telle expérience permettrait de tester la dependence mycorrhizienne de l'espèce de plante vis-à-vis des souches de champignons en regard avec le type de sol.

Au niveau des souches de bactéries fixatrices d'azote (*Bradyrhizobium*), plusieurs souches ont déjà été isolées sur la côte est du pays par le Centre National de Recherche en Environnement (CNRE) de Madagascar. Ces souches étant déjà disponibles, il pourrait être intéressant de poursuivre les tests en pépinière avec ces inoculums. De plus, elles ont montré qu'elles pouvaient augmenter significativement la croissance de *Mimosa latispinosa* en serre. Finalement, compte tenu de la spécificité des souches de *Bradyrhizobium* (Schultze & Kondorosi, 1998), isoler des souches natives à partir des nodules de *M. latispinosa* en vue de produire des inoculums testables en pépinière est aussi une avenue prometteuse (revu par Stephens & Rask, 2000).

4.4. Recommandations

Il apparait clairement que les souches natives de mycorhizes arbusculaires contenues dans le sol de surface ont survécu à l'entreposage et constitue un inoculum important dans le sol. Il apparait aussi que l'inoculum de bactéries formant des nodules est beaucoup moins important puisque la différence au niveau de la nodulation entre les plants en sol stérilisé et ceux en sol non stérilisé n'est pas significative. La stérilisation du sol a cependant un effet positif sur la croissance de *Mimosa latispinosa*.

Conséquemment, les recommandations dans le court terme seraient de procéder à la stérilisation du sol suivi de l'inoculation avec des souches efficaces. Il faudrait quand même poursuivre le suivi des plants transplantés sur le site minier comme la modification des conditions pédologiques et environnementales pourrait engendrer des différences entre les traitements. De plus, en vue de conserver l'inoculum naturel du sol, il est de première importance que la durée entre le retrait et la remise du sol de surface soit réduite au minimum et que les conditions dâentreposage (humidité, température, épaisseur de sol, etc.) soient minutieusement respectées.

Considérant que lâétat actuel des connaissances pour *Mimosa latispinosa* est limité à lâimpact de trois souches symbiotiques en pépinière vingt semaines après inoculation, lâétude recommande deux choses. Dâune part, faire le suivi des plants restants de lâexpérience pour tester les effets des symbioses à plus long terme. Dâautre part, lâétude recommande que dâautres recherches similaires soient réalisées dans le futur, particulièrement avec les souches de *Bradyrhizobium sp.* et des mycorhizes natives. Il est donc important de poursuivre les travaux dâisolement des souches locales de mycorhizes et de *Rhizobium* de la région de Fort-Dauphin, tel que discuté à la section précédente (4.3. perspectives de recherches). Ces travaux dâisolément et de sélection des souches sont actuement en cours au Centre National de Recherche en Environnement (CNRE) de Madagascar, expert national en matière de symbioses racinaires (Rasolomampianina et coll., 2009).

4.5. Références

Ahmad MH (1995) Compatibility and Coselection of Vesicular-Arbuscular Mycorrhizal Fungi and Rhizobia for Tropical Legumes. *Critical Reviews in Biotechnology* 15(3-4): 229-239.

Ames RN, Reid CPP & Ingham ER (1984) Rhizosphere bacterial population responses to root colonization by a vesicular-arbuscular mycorrhizal fungus. *New Phytologist 96: 555-563.*

Antunes PM, Rajcan I & Goss MJ (2006) Specific flavonoids as interconnecting signals in the tripartite symbiosis formed by arbuscular mycorrhizal fungi, *Bradyrhizobium japonicum* (Kirchner) Jordan and soybean (*Glycine max (L.)* Merr.). *Soil Biology & Biochemistry* 38:533ï 543.

Barea JM & Azcon-Aguilar (1983) Mycorrhizas and their significance in nodulating nitrogen-fixing plants. pp. 1-54 Dans : Advances in agronomy 36 (1992). *Academic Press Inc.* 457p.

Brito I, de Carvalho M & and J Goss M (2009) Chapter 19 - Techniques for Arbuscular Mycorrhiza Inoculum Reduction In: Varma A & Kharkwal AC *Symbiotic Fungi. Soil Biology* 18: 307-318.

Brundrett M, Bougher N, Dell B, Grove T &Malajczuk N (1996) Working with mycorrhizas in forestry and agriculture. *Australian Centre for International Agricultural Research.* Canberra, Australia. 374p.

Catford JG, Staehelin C, Larose G, Piché Y & Vierheilig H (2006) Systemically suppressed isoflavonoids and their stimulating effects on nodulation and mycorrhization in alfalfa split-root systems. *Plant Soil* 285:257ï 266.

Klironomos JK (2003) Variation in plant response to native and exotic arbuscular mycorrhizal fungi. *Ecology*, 84(9): 2292ï 2301.

Manjunath A, Bagyaraj DJ & Gopala Gowda S (1984) Dual inoculation with VA mycorrhiza and *Rhizobium* is beneficial to *Leucaena. Plant and Soil* 78: 445-448.

Marler MJ, Zabinski CA & Callaway RM (1999) Mycorrhizae indirectly enhance competitive effects of an invasive forb on a native bunchgrass. *Ecology* 80(11): 1180-1186.

Michelsen A (1993) Growth improvement of Ethiopian acacias by addition of vesicular-arbuscular mycorrhizal fungi or roots of native plants to non-sterile nursery soil. *Forest Ecology and Management* 59: 193-206.

Mortimer PE, Pérez-Fernandez MA & Valentine AJ (2008) The role of arbuscular mycorrhizal colonization in the carbon and nutrient economy of the tripartite symbiosis with nodulated Phaseolus vulgaris. *Soil Biology & Biochemistry* 40: 1019ï 1027.

Pacovsky RS, Fuller G & Stafford AE (1986) Nutrient and gzowth interactions in soybeans colonized with *GIomus fasciculatum* and *Rhizobium Japonicum*. *Plant and Soil* 92: 37-45.

Rasolomampianina R, Bailly X, Fertiarison R, Rabevohitra R, Béna G, Ramaroson L, Raherimandimby M, Moulin L, De la Judie P, Dreyfus B & Avarre JC (2009) Nitrogen-fixing nodules from rose wood legume trees (*Dalbergia spp.*) endemic to Madagascar host seven different genera belonging to Ŭ and ƀ-Proteobacteria. *Molecular Ecology* 14 : 4135ï 4146.

Redecker D, von Berswordt-Wallrabe P, Beck DP & Werner D (1997) Influence of inoculation with arbuscular mycorrhizal fungi on stable isotopes of nitrogen in *Phaseolus vulgaris*. *Biological Fertility of Soils* 24: 344-346.

Schultze M & Kondorosi A (1998) Regulation of symbiotic root nodule development. *Annual Reviews of Genetetics* 32: 33-57.

Sharma AK & Johri BN (2002) Arbuscular-mycorrhiza and plant disease. pp.69-96. Dans : Sharma AK & Johri BN (2002) Arbuscular mycorrhizae. interactions in plants, rhizosphere and soils. *Science Publishers Inc*. Enfield, N-H, USA 311p.

Stephens JHG & Ras HM (2000) Inoculant production and formulation. *Field Crops Research* 65: 249-258.

Trevors JT (1996) Sterilization and inhibition of microbial activity in soil. *Journal of Microbiological Methods* 26: 53-59.

Vierheilig H, Piché Y (2002) Signalling in arbuscular mycorrhiza:facts and hypotheses. In: Buslig B & Manthey J. Flavonoids in cell functions. *Kluwer Academic/Plenum Publishers*. New York, USA. 23-39.

Annexe 1. Expérimentation en pépinière

Le dispositif expérimental en split-plot était composé de quatre blocs. Les types de sol, stérilisé (p) ou non-stérilisé (n-p) constituaient les parcelles principales. Les traitements (6) formaient les sous-parcelles à lântérieur de chacune des parcelles principales. Il y avait quatorze plants par sous-parcelles.

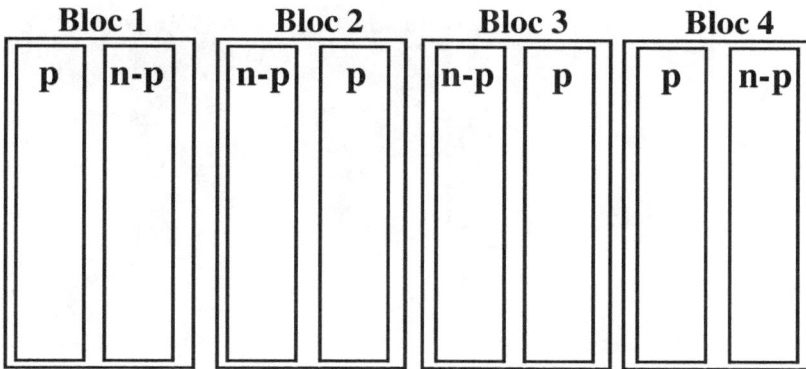

Figure A1.1. Dispositif expérimental en split-plot réalisé en pépinière

Figure A1.2. Pépinière de restauration où l'expérience a été réalisée

Figure A1.3. Exemple d'un bloc du dispositif en split-plot et de ses deux parcelles principales

Figure A1.4. Portion du site minier à restaurer. (a) avec la surface supérieure du sol préexistant remise en place; b) sol déminéralisé sans apport de la surface supérieure du sol préexistant)

Annexe 2. Photos de symbioses racinaires

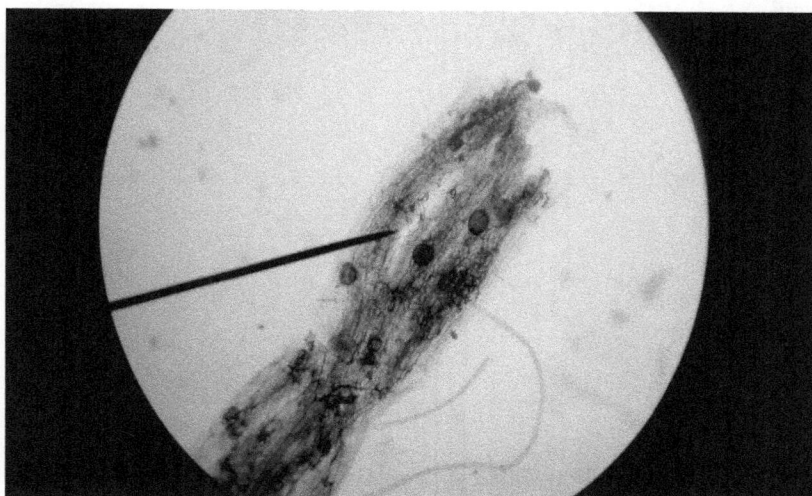

Figure A2.1. Photos sous microscope d'une racine de *Mimosa latispinosa* colonisée par une mycorhize arbusculaire

Figure A2.2. Photos de nodules présentes sur le système racinaire de *Mimosa latispinosa*